国家职业技能等级认定培训教材
高技能人才培养用书

茶 艺 师

（高 级）

U0792924

国家职业技能等级认定培训教材编

主　编◎周爱东　蒋蕙琳
副主编◎陈燕冰　朱　敏　冯丹绘
顾　问◎于良子　朱　澄　周文棠
参　编◎李晓霞　陆　雪　赵　颖　林宇南　赵　璟
韩雨辰　林晓虹　张　静　李樱怡　笪　霞

机 械 工 业 出 版 社

本书根据《国家职业技能标准　茶艺师》（2018 年版）编写，主要介绍了高级茶艺师的礼仪接待、茶事准备、茶席设计、茶艺演示、茶事推介、营销服务等内容。本书配套多媒体资源，可通过封底“天工讲堂”刮刮卡获取。

本书既可作为各级技能等级认定培训机构的考前培训教材，又可作为读者考前的复习用书，还可作为中高职、技工院校茶艺类专业的教材。

图书在版编目（CIP）数据

茶艺师：高级/周爱东，蒋蕙琳主编. —北京：机械工业出版社，2021. 11

（高技能人才培养用书）

国家职业技能等级认定培训教材

ISBN 978-7-111-69497-7

Ⅰ. ①茶…　Ⅱ. ①周…　②蒋…　Ⅲ. ①茶艺-中国-职业技能-鉴定-教材　Ⅳ. ①TS971. 21

中国版本图书馆 CIP 数据核字（2021）第 220443 号

机械工业出版社（北京市百万庄大街 22 号　邮政编码 100037）

策划编辑：范琳娜　责任编辑：范琳娜

责任校对：梁　倩　封面设计：刘术香等

责任印制：李　昂

北京联兴盛业印刷股份有限公司印刷

2022 年 1 月第 1 版第 1 次印刷

184mm×260mm · 7 印张 · 158 千字

标准书号：ISBN 978-7-111-69497-7

定价：49. 80 元

电话服务	网络服务
客服电话：010-88361066	机　工　官　网：www. cmpbook. com
010-88379833	机　工　官　博：weibo. com/cmp1952
010-68326294	金　　书　　网：www. golden-book. com
封底无防伪标均为盗版	机工教育服务网：www. cmpedu. com

国家职业技能等级认定培训教材

编审委员会

序

新中国成立以来，技术工人队伍建设一直得到了党和政府的高度重视。20 世纪五六十年代，我们借鉴苏联经验建立了技能人才的“八级工”制，培养了一大批身怀绝技的“大师”与“大工匠”。“八级工”不仅待遇高，而且深受社会尊重，成为那个时代的骄傲，吸引与带动了一批批青年技能人才锲而不舍地钻研技术、攀登高峰。

进入新时期，高技能人才发展上升为兴企强国的国家战略。从 2003 年全国第一次人才工作会议，明确提出高技能人才是国家人才队伍的重要组成部分，到 2010 年颁布实施《国家中长期人才发展规划纲要（2010—2020 年）》，加快高技能人才队伍建设与发展成为举国的意志与战略之一。

习近平总书记强调，劳动者素质对一个国家、一个民族发展至关重要。技术工人队伍是支撑中国制造、中国创造的重要基础，对推动经济高质量发展具有重要作用。党的十八大以来，党中央、国务院健全技能人才培养、使用、评价、激励制度，大力发展技工教育，大规模开展职业技能培训，加快培养大批高素质劳动者和技术技能人才，使更多社会需要的技能人才、大国工匠不断涌现，推动形成了广大劳动者学习技能、报效国家的浓厚氛围。

2019 年国务院办公厅印发了《职业技能提升行动方案（2019—2021 年）》，目标任务是 2019 年至 2021 年，持续开展职业技能提升行动，提高培训针对性实效性，全面提升劳动者职业技能水平和就业创业能力。三年共开展各类补贴性职业技能培训 5000 万人次以上，其中 2019 年培训 1500 万人次以上；经过努力，到 2021 年底技能劳动者占就业人员总量的比例达到 25%以上，高技能人才占技能劳动者的比例达到 30%以上。

目前，我国技术工人（技能劳动者）已超过 2 亿人，其中高技能人才超过 5000 万人，在全面建成小康社会、新兴战略产业不断发展的今天，建设高技能人才队伍的任务十分重要。

机械工业出版社一直致力于技能人才培训用书的出版，先后出版了一系列具有行业影响力，深受企业、读者欢迎的教材。欣闻配合新的《国家职业技能标准》又编写了“国家职业技能等级认定培训教材”。这套教材由全国各地技能培训和考评专家编写，具有权威性和代表性；将理论与技能有机结合，并紧紧围绕《国家职业技能标准》的知识要求和技能要求编写，实用性、针对性强，既有必备的理论知识和技能知识，又有考核鉴定的理论和技能题库及答案；而且这套教材根据需要为部分教材配备了二维码，扫描书中的二维码便可观看相应资源；这套教材还配合天工讲堂开设了在线课程、在线题库，配套齐全，编排科学，便于培训和检测。

这套教材的出版非常及时，为培养技能型人才做了一件大好事，我相信这套教材一定会为我国培养更多更好的高素质技术技能型人才做出贡献！

中华全国总工会副主席

高凤林

前 言

中国茶艺研究可以上溯到唐代，唐代陆羽著《茶经》十篇，从源、具、造、器、煮、饮、事、出、略、图十个方面对茶文化知识进行了系统整理。其后历经宋、元、明、清、中华民国，诸多文人雅士乃至帝王加入到茶文化的研究中来，名家辈出，成果丰硕。

现代茶叶专家胡浩川在 1940 年已经使用“茶艺”一词，现代茶文化的系统整理始于我国台湾，20 世纪 50 年代，当地的茶人与学者开始研究、复兴中国的茶文化，为区别于日本的茶道，提出了茶艺的概念。20 世纪 70 年代中期，台湾的茶艺开始传入大陆，从那时起，海峡两岸掀起了一股茶文化的潮流，到今天，茶文化已经成为全国性的时尚文化，并且影响着全球。20 世纪 90 年代，茶艺师的培训及职业技能鉴定在浙江、上海等地率先开展，进而“茶艺师”被列入《中华人民共和国职业分类大典》，如今全国各地茶艺师的培训及职业教育方兴未艾，各个等级的茶艺比赛也如火如荼。

高级茶艺师的技能要求分接待准备、茶艺服务与茶间服务 3 大模块，与初级与中级茶艺师的技能相比，除了要求熟练掌握技能操作的要点外，更强调对“职业功能”的升级及强化，强调茶艺技术与文化、艺术的融合与创新，以适应新形势下的新要求。

我们邀请了很多资深的茶艺老师来承担各个部分的写作任务。李晓霞、韩雨辰、林晓虹 3 位老师编写了礼仪接待部分，蒋蕙琳、林晓虹、陈燕冰、陆雪、冯丹绘 5 位老师编写了茶事准备部分，周爱东、赵颖、林宇南 3 位老师编写了茶席设计部分，周爱东、蒋蕙琳、赵璟 3 位老师编写了茶艺演示部分，朱敏、陆雪 2 位老师编写了茶事推介部分，营销服务部分由蒋蕙琳、朱敏老师完成。张静、李樱怡、笪霞 3 位老师参与了书稿的整理工作。老师们来自北京、天津、内蒙古、江苏、四川、重庆、广东、福建、贵州、陕西等省市，从内容的普适性来说，基本可以满足我国各个地区茶艺教学的需要。

本书在编写过程中得到了国家职业技能等级认定培训教材编审委员会、扬州大学、内蒙古商贸职业学院、重庆商务学院、深圳市晓茗道茶文化传播有限公司、深圳市鹏城技师学院、深圳市绿怡茶业有限公司、贵阳丹绘国艺职业培训学校有限公司、韩山师范学院、西安商贸旅游技师学院、福州大学、广东瀚文书业有限公司、山东瀚德圣文化发展有限公司等组织单位的大力支持与协助！书中的图片拍摄得到了北京二商京华茶叶有限公司、北京茶叶博物馆、中茶生活（北京）茶叶有限公司的鼎力支持。在此一并表示衷心的感谢！

编 者

作者简介

主编

周爱东，扬州大学教师，从事茶文化与茶艺教学 22 年，国家一级茶艺技师、国家二级评茶技师、茶艺师高级考评员。江苏省茶文化讲师团成员，扬州市作家协会成员、扬州市休闲商会理事、扬州市茶文化艺术协会副会长，多次担任省市级茶艺大赛裁判。在机械工业出版社出版的“国家职业技能等级认定培训教材”中担任编审委员会委员。出版的相关教材及专著有《茶艺赏析》《茶馆经营管理实务》《扬州饮食史话》，并在相关期刊上发表过多篇论文。

蒋蕙琳，斯里兰卡凯拉尼亚大学文学（佛学）硕士，深圳鹏城技师学院茶道教师，潮州工夫茶国家级非遗传承人弟子，全国茶馆等级评审委员会首届专家，中国检验认证集团茶叶鉴定和评估专家，湖北省陆羽研究会研究员，国家职业技能竞赛茶艺师和评茶员裁判，茶频道《最美茶艺师》评委，国家一级茶艺技师，国家一级评茶技师，深圳市国际茶艺协会副会长。

副主编

陈燕冰，华南农业大学茶学专业硕士，国家一级茶艺技师、国家二级评茶技师，国家职业技能鉴定考评员，国家茶艺竞赛裁判，国家茶馆等级评审委员会高级培训师、评审员，深圳市国际茶艺协会副会长。

朱敏，毕业于中国传媒大学新闻学专业，福建省茶叶学会培训工作委员会副主任，福建省茶叶学会社会培训评价中心副主任，国家一级茶艺技师、国家一级评茶技师，国家级茶艺大赛裁判、考评员。2013 年在“武阳春雨杯”第二届全国茶艺职业技能竞赛获个人赛“优秀茶艺师”荣誉。

冯丹绘，全国技术能手，国家金奖茶艺师，国家高级茶艺师，国家职业技能鉴定茶艺师考评员，全国茶艺职业技能竞赛裁判。第四届、第五届中华茶奥会茶艺大赛裁判，2020 年遵义市第五届职工技能大赛裁判，2019 年全国职业院校技能大赛“中华茶艺”竞赛裁判。2016 年 9 月获得第三届全国茶艺职业技能竞赛总决赛金奖，2016 年 8 月获得第三届全国茶艺职业技能竞赛贵州省分赛区金奖。

目　录

项目 3
茶间服务

项目 1 接待准备

- 接待准备
  - 礼仪接待
    - 涉外礼仪的基本要求及各国礼仪与禁忌
    - 礼仪接待英语基本知识
    - 特殊宾客的接待
  - 茶事准备
    - 茶叶品评及质量鉴别
    - 高山茶与台地茶的鉴别
    - 瓷器茶具的款式及特点
    - 陶器茶具的款式及特点

1.1 礼仪接待

1.1.1 涉外礼仪的基本要求及各国礼仪与禁忌

涉外礼仪，一般指在与外国人进行交际应酬时所须遵守的人际交往规范。茶文化作为中国特色文化，近年来在对外交流中出现频率很高。

1. 基本要求

（1）有礼有节　讲礼仪是为了更好地与人沟通，要热情真诚，同时不卑不亢。有礼有节既是自身形象的展现，又能很好地体现出对客人的尊重。交流时要看着对方的眼睛，不论对方是男是女，要平视或仰视，不可居高临下地俯视。讲话要用敬语，言辞要雅致得体。客人有要求时，要一边回答，一边及时为客人送上所需要的东西。不要站在自己的文化角度来评价、贬低别国的文化、风俗和制度。也不要因为对方是外宾、贵宾、名人而要求合影、签名等。自重而不自大是与客人尤其是外宾交流的重要分寸。

（2）尊重女士　在社交场合，男士要照顾、礼让女士。成年男子都有义务主动自觉地为女士排忧解难。茶艺服务中，一般来说不应当因客人身份的不同而决定服务的先后顺序，但当客人中有男有女的时候，茶艺师应当先为女士提供服务。在介绍客人时，基本的规则是尊者居后，先介绍男士后介绍女士。行握手礼时的规则是尊者在前。当女士与男士握手时，应由女士先伸手，如果女士没有伸手，男士则不宜主动伸手。同样的道理，当客人没有握手的意思时，茶艺师也不宜主动伸手同客人握手。

（3）话题禁忌　有四类话题不宜同外国人交谈。其一是格调不高的话题，如灾祸、案件、绯闻等；其二是非议他人的话题，古语说“来说是非者，便是是非人”；其三是宗教民族话题，要尊重别人的宗教信仰，不对别人的民族文化评头论足；第四是隐私话题，在西方文化中，别人的经历、收入、年龄、婚恋、健康状况、政治见解等均属个人隐私，如果客人不主动说起，就不应该主动打听。适宜的话题有三类：其一是交谈对象所擅长的话题，茶艺师可以提前准备一些这样的话题，交流时可以引起客人的兴趣；其二是轻松愉快的话题，天气、风景、美食、体育、影视、时尚流行、风土人情等，这样的话题大多数人都可以聊上几句，也不会有什么原则性的分歧，比较安全；其三是格调高雅的话题，如哲学、历史、地理、文学等。无论哪一种话题，尽可能不要选择自己所知不多的话题，更不能不懂装懂。

2. 亚洲国家的饮茶习俗

（1）东亚国家

1）日本受我国茶文化影响较大，日本有茶道，整个社会对饮茶有一定的认识，对茶具和茶空间也有比较高的欣赏能力。

在唐朝时，来华学习的遣唐使与僧侣们就把茶传入日本，之后历经宋元明清，我国的茶文化对日本一直都有影响。茶在日本的传播过程中，逐渐加入本土文化元素，形成了不同于我国茶艺的茶道文化，对于行为举止的训练和茶道精神的体悟较为重视，并发展出“和、敬、清、寂”的茶道四规。和：平和、和睦。敬：尊敬长者，敬爱朋友。清：清洁、清净。寂：凝神、摒弃欲望。茶道四规不仅是茶道精神，对日本人行为规范的养成也是有影响的。

2）韩国在历史上很少出产茶叶，茶是很贵的进口商品，因此在日常生活中往往用谷物、果品入茶，如大麦茶、柚子茶、红枣茶等，即使在茶礼当中，普通人家也经常以酒代茶。近些年来，韩国社会对茶的热情有所提高，所饮茶品以红茶、普洱茶、乌龙茶较为常见，人们认为茶是贵重的饮品，尤其是普洱茶，饮茶都会很正式。

（2）东南亚国家　东南亚国家大多数也是汉文化圈的国家，但近代以来受西方文明影响较大。

1）泰国和越南饮茶历史悠久，奶茶、绿茶、乌龙茶都饮用。越南人崇尚清饮，尤爱饮由绿茶再加工而成的花茶，这与当地气候炎热、花茶更具清凉感有关。越南花茶品种很多，最为普遍的是具有清热解毒、去湿消暑作用的茉莉花茶。而最为珍贵的则是荷花茶，越南人认为荷花是高尚洁净之花，它“出淤泥而不染”，享有类似国花的地位，所以荷花茶很受推崇。此外，还有玳玳花茶、米兰花茶、金银花茶、玉兰花茶、苦瓜茶。泰国人不大喜欢饮热茶，热衷于饮冰茶，这与泰国全年气温高有关。泰国冰茶花样繁多，内容丰富，随着时代的进步，冰茶的制作也与时俱进。泰国人甚至还将香料（如龙舌兰）、酒（如白兰地、伏特加、葡萄酒、鸡尾酒等）、可乐等加入冰茶中，创造出令人惊艳的味觉感受。除此之外，泰国与中国云南部分少数民族都有制作腌茶的习俗，将新鲜茶叶洗净后用竹匾摊晾沥干，然后稍加揉搓，加入盐、辣椒等拌均匀，随后放入瓦罐或竹筒中压紧密封，两三个月后茶叶逐渐变黄，取出晒干就行。食用时再加入花椒、豆蔻、香油等作料拌匀即可，这种腌茶，吃起来又香又辣，风味独特。

2）缅甸农村在婚礼上有吃类似茶沙拉的“拌茶”的习俗，寓意百年好合。缅甸有句流行语“肉类的代表是猪肉，果类的代表是芒果，叶子的代表是茶叶”，缅甸人一天的生活中，饮茶频率高达3~5次，饭前、饭后都要饮上一杯热茶。缅甸人既有清饮红茶、绿茶、乌龙茶、普洱茶的，也有习惯吃腌茶的，更有喜欢饮“拉茶”或红奶茶的，各地饮茶习俗丰富多彩。除此之外，还有一种较为独特的茶，称为“怪味茶”。它的制作方法是将茶叶与虾酱油、虾米松、炒熟的辣椒子、洋葱末、黄豆粉等拌匀，然后冲泡而成。这种“怪味茶”风味独特，深受缅甸人青睐。此外，还有茶沙拉，可算是有名的缅甸小吃了。制作时先将浸润后的茶叶与撕成片的卷心菜、番茄、油炸的豆角、坚果等拌匀，然后泼上爆香的蒜油、辣椒，即可食用。其实，怪味茶、茶沙拉还有腌茶，与其说是茶饮，不如说是茶菜更确切。

3）马来西亚、新加坡、印度尼西亚。这里华人很多，他们喜欢清饮乌龙茶、红茶、普洱茶、绿茶。如选择调饮，红茶加牛奶是经典。由于受英国影响，这些国家的人们有喝英式下午茶的习惯。这里的拉茶与肉骨茶比较有特色，拉茶最早来自印度，制作时先将红茶冲泡或煮好，滤出茶渣，将茶汤与炼乳混合，放上适量砂糖，然后准备两只干净的带柄不锈钢罐，拉茶时一手持空罐，一手持盛有奶茶的罐子，如此将奶茶从1米左右的高度，从一个盛有奶茶的罐中倒入另一个空罐，如此往而复始，通常要拉7次以上，使红茶与炼乳充分接触拉匀。新加坡人饮茶较大程度上保留了我国闽粤工夫茶的风俗。印度尼西亚有喝凉茶的习俗，凉茶制作的原料一般是红茶，冲泡完红茶后，过滤茶渣，再在茶汤中加入适量砂糖和其他作料（如柠檬等），放凉后将茶放在冰箱里冷藏，以便随时取用。对印度尼西亚人来说，一日三餐中，午餐最为重要，饭菜丰富多样。用完午餐后，他们习惯再喝一杯凉茶，既能缓解炎热气候带来的燥热，消暑降温，又能帮助消化，生津止渴。

（3）南亚国家

1）印度多产红茶，印度人爱在红茶中加入奶制品和砂糖煮饮，这种茶叫作“甜奶茶”。也有一部分印度人喜欢在红茶中加入姜、小豆蔻、丁香、肉桂等香料，称之为“马萨拉茶”，也叫“香料印度茶”，主要是因为在红茶中加了葛拉姆马萨拉，即印度咖喱粉。印度本民族文化与饮茶风俗的完美结合产生了“舔茶”的饮茶方式。将茶汤斟在茶盘上，用舌头舔饮，称之为“舔茶”。

2）巴基斯坦气候炎热干燥，不适宜蔬菜生长，生活中牛羊肉随处可见。地理环境影响生活习惯，体内摄入的过多油脂需要消化，饮茶既可以消除油腻饱腹感，又能降脂降压，是最适合的饮品。大部分地区流行饮红奶茶，也有不加牛奶而加新鲜的柠檬片和糖的，这就是柠檬红茶了。在巴基斯坦西北高地靠近阿富汗的游牧地区，却流行着饮甜绿茶的习惯。他们将冲泡或烹煮好的绿茶，经过滤后加入砂糖搅拌均匀饮用，有时候还会放入一颗小豆蔻，用以增添清凉感。很多主妇们每天起床后的第一件事就是煮茶，一家人睁开眼睛后做的第一件事是饮茶。巴基斯坦人不但饮茶次数多，而且喜欢饮浓茶。一般早、中、晚各饮1次，加之起床后、睡觉前各饮1次，每天多达3~5次，因此有“饮茶王国”之称。

（4）西亚国家　西亚国家也有着悠久的饮茶历史。

1）伊朗人爱饮有甜香味和果香味的红茶，不喜欢在红茶中添加牛奶等，追求茶的原香原味，但他们的饮茶方式又区别于传统的清饮，是一种半清饮、半调饮的饮茶方法，称作“含糖吸茗”。泡茶时，先将茶叶放置在一个小茶壶内，注入沸水冲泡，然后把小茶壶放到一个特制的烧水壶顶端保温，这样能使茶味更加醇厚，使茶香更加发散，以满足伊朗人喝茶时茶汤热、茶汁厚、茶味香的需求。然后将小茶壶中的茶汤倒入茶杯中，小茶壶壶嘴有滤网，可以防止茶叶倒入茶杯中。他们为了能品尝茶的原香，饮甜茶时不会将方糖直接投入茶汤中，而是选择先将方糖含在口中，再喝一口浓香的茶汤，任由方糖就着茶汤在口中溶化，根据茶汤苦涩味的轻重，以及方糖的溶化程度来调节红茶的浓淡，这便是伊朗人独具风味的“含糖吸茗”。这种品红茶的方式在伊朗人眼中是最佳的品茗方式。在方糖的选择上，伊朗人也很讲究。在富有之家，或者是高档的茶馆里，饮茶时所配的糖多为片状单品冰糖，以带柠檬味的糖片为佳，会有饮柠檬红茶的感觉。

2）土耳其人爱饮红茶，喜好煮饮，且喜欢在红茶中加糖，一般不加奶，这是土耳其饮茶的一个显著特色。土耳其煮茶的茶具十分特殊，一大一小的茶壶被称为“子母壶”。大壶用于煮水，小壶才用来煮茶。平时小壶置于大壶的顶端，呈双层宝塔形。煮茶时，先将大壶盛满水，置于木炭火炉上烧水。与此同时，在小壶中投入适量茶叶，再将小壶放在大壶之上，用大壶内的热蒸汽温热小壶，让小壶中的茶香慢慢散发出来。当大壶水烧开后，便将开水注入小壶，再重新将大壶装满水，用小火慢慢加热直至大壶内的水和小壶中的茶再次烧开，这时才算将茶煮好。静置几分钟后，小壶中的茶叶慢慢沉淀下来，再将茶水通过壶口滤网滤去茶渣，斟入独具特色的饮具中享用。土耳其饮茶的杯子很特殊，俗称郁金香杯，形状酷似身材窈窕的妙龄女郎，玻璃材质，秀气精致。倒茶入杯，还会在茶汤中加入几块方糖，用小勺搅拌，使方糖溶解于茶汤，一杯具有土耳其特色的红茶便告成功。所以土耳其人煮茶时，要夸赞的是主人的煮茶功夫。他们不局限于饮传统的土耳其茶，一些花草茶也开始成为新宠。

3）阿富汗由于大陆性气候导致这里盛产水果、坚果，唯独缺少蔬菜。而且阿富汗人的餐桌上多牛羊肉、奶制品，种种环境因素造就了阿富汗人对茶的情有独钟。阿富汗人有爱饮红茶的，也有爱饮绿茶的，通常夏天饮绿茶，冬天饮红茶。阿富汗农村地区还有饮调饮茶的，这种调饮茶的制作方法比较奇特。调制时先将茶叶放入沸水中煮几分钟，然后过滤出茶汤。另外，再用一口锅，加入鲜牛奶用文火煮至黏稠，随即将牛奶加入茶汤，撒入适量盐，再次煮沸即可饮用。需要注意的是奶茶浓稠度随个人口味调整，通常加入牛奶的量为茶汤量的 1/4。这种调饮茶喝起来咸滋滋、糯稠稠、香喷喷，让人叫绝。在阿富汗，有“三杯茶”之说。第一杯敬客人，祛除旅途疲乏，解渴生津，称之为“止渴茶”；第二杯敬客人，表达和善友爱，友谊天长地久，称之为“友谊茶”；第三杯敬客人，是为“礼节茶”。饮完三杯茶后，倘若还想再饮，接下来会有第四杯、第五杯，直至客人示意告谢。

4）格鲁吉亚人大多喜爱饮红茶，但也有不少人爱饮绿茶。此外，还有一些人喜饮砖茶，大都崇尚清茶一杯，无须加入任何调料。

1770 年，俄国沙皇将茶炊和茶叶作为礼物赠送给格鲁吉亚沙皇，开创了格鲁吉亚饮茶先河。1893 年，俄商波波夫从中国聘请茶师刘峻周及一批技术工人赴格鲁吉亚试种茶树，历经三年终于试种成功。从此，格鲁吉亚生产的茶叶誉称“刘茶”。

格鲁吉亚的沏茶方式有些类似我国云南的烤茶。沏茶时先将金属壶放在火上烤至 100℃以上，然后将茶叶投放进炙热的壶底，随后倒入热开水冲泡几分钟。如此，一壶香茶便冲好了。这种沏泡茶的方法，最终要求达到色、香、味俱佳：一是茶色要红艳可爱，二是在沏泡时要能闻到茶的浓香，三是在倒水冲茶时要发出“噼啪”的响声。所以，对烤壶的火温，以及操作方法上有精到的要求，只有这样，方能取得沏茶的最佳效果。

3. 欧洲国家的饮茶习俗

（1）英国　英国饮茶已有 400 多年历史，他们创造的午后茶，影响波及五大洲。饮茶传播的最大推动者是查理二世的夫人——凯瑟琳，由于她的推动，饮茶很快在英国女性贵族圈中风靡起来，茶频频现身于宫廷舞会中。到 17 世纪末，茶已经成为富裕家庭中的普通饮料。18 世纪中后期，英国政府降低茶叶进口税率，即使是普通人也能负担得起。茶成为百姓日常生活必需品之一。

英国对饮茶十分讲究，各阶层的人都喜欢饮茶，尤其是女性嗜茶成癖。英式饮茶大致分为早茶、上午茶、下午茶和晚餐茶。下午茶风俗来自英国，较知名的有维多利亚式，内容可说是包罗万象，包括各式小点、松糕、水果塔及三明治等。下午 3~4 点钟，人们放下手中的工作，喝一杯红茶，有时也吃块点心，休息一刻钟，称为“茶歇”。正规的英式下午茶非常讲究，茶具和茶叶需是最高级的，再用一个装满食物的三层点心瓷盘，从上到下依次盛有：蛋糕、水果塔及一些小点心；传统英式松饼和培根卷等；三明治和手工饼干。食用的顺序一般也是从上到下，滋味由淡至浓。在食用过程中，主人还会播放一些优雅的古典音乐，以此营造出轻松、优雅而又惬意的下午茶环境。

（2）法国　法国与英国隔海相望，风俗禁忌有相同之处，但区域文化特点也很明显。法国初次接触茶是在 1636 年，直到法国大革命前，对于茶的认识仍未脱离茶是药的概念。20 世纪后法国开始重视下午茶。

法国人饮红茶的方式与英国相似，通常采用冲泡法或烹煮法，用沸水将红茶泡开后，辅以糖、牛奶调味，口感香浓醇厚；有的则会选择在茶中打入新鲜鸡蛋，并加糖冲饮，既营养又美味；还有一种非常具有法国特色的饮茶方法，就是将茶与酒混合做成潘趣酒，这种新饮品历来受到法国人的追捧。除了红茶，法国人也饮绿茶，在茶汤中加入方糖和新鲜薄荷叶，形成甜蜜清凉的滋味。而沱茶具有养生的功能，深受法国中年人的重视。20 世纪 80 年代以来，法国人的饮茶品类从红茶、绿茶、沱茶，拓展到了花茶。花茶的饮用方式与我国北方相似，直接用沸水冲泡，不加作料，提倡清饮，品的是真香实味。

（3）荷兰　荷兰人在把茶传播到欧洲的同时，自己也爱上了茶。到 17 世纪中期，荷兰的食品店、杂货店等开始出售茶叶，使饮茶在荷兰得以普及，以茶为主的茶室、茶座也逐渐发展起来。同英、法相似，荷兰贵妇们也在茶的推动过程中起着重要作用。女士们成了茶会的“主角”，下午 2 点以后，她们会从小瓷盒中取出茶叶，为客人选好心仪的茶叶后，将茶放入小瓷茶壶中煮茶，然后将茶汤倒入小杯。如果有客人喜欢调饮，女主人会先用小红壶浸泡番红花，再用稍大的杯子，倾入半杯茶汤，客人可自行调配。饮茶时，宾客多会发出“啧啧”之声，表示对女主人高超茶艺的赞赏。富人在茶室饮茶，普通人则会到啤酒商店饮茶，无论在咖啡店、饭店及多数酒吧内，均可见到荷兰人饮茶的身影。

（4）爱尔兰　爱尔兰有“饮茶王国”之称，与欧洲大多数国家一样，茶最先为爱尔兰贵族所接受，后来随着茶叶价格的逐渐降低，普通民众开始用鸡蛋和黄油从杂货铺换取茶叶。爱尔兰人喜饮红茶，多为调饮，一般用牛奶、红茶调制成奶茶，将红茶的浓醇和奶的顺滑口感相结合。爱尔兰人饮茶主要分为早茶、下午茶和晚茶。早茶的时间就是在早餐时饮用，一杯茶，可以起到提神醒脑的作用，比喝咖啡有营养。下午茶的时间是在下午 3~5 点，一杯香浓的茶，搭配风味不同的小点心，可起到充饥和缓解疲劳的作用。晚餐时的茶，被称为晚茶或“高茶”。高茶，其实就是“劳动人民”的茶，这时与茶搭配的通常是奶酪、面包等可以充饥的食物。

（5）俄罗斯　俄罗斯人一般的见面礼是握手，但注意握手时要摘下手套。19世纪开始，茶已从宫廷和贵族走向民间。进入20世纪以来，俄国人一日三餐离不开茶，尤其是下午茶，雷打不动，茶成了俄国最普及、最大众化的饮料。

俄罗斯人习惯饮红茶，而且喜欢饮带有甜味的茶。俄罗斯人饮茶多选用铜质、形似火锅，被称为“萨莫瓦尔”的一种茶炊煮茶。旧式的茶炊中间放木炭，顶部是冒烟的管子，下面放煮水的锅，边缘装有一个水龙头。水煮开后，就从龙头放水泡茶。俄罗斯人泡茶后，要用一个做成母鸡形状的套子罩在茶壶上，待茶泡开了再注入茶杯。

俄罗斯人煮的茶，浓度特别高，饮茶时先倒上浅半杯浓茶，然后加热开水至七八分满，再在茶里加方糖、柠檬片、蜂蜜、牛奶、果酱等，各随其便。俄罗斯人饮茶比较讲究，饮茶时还要佐以饼干、奶渣饼、甜点和蛋糕等。他们注重午餐，即便是一顿丰盛的午餐，用完后还得上茶，而上茶时茶点是不能少的，特别是一种被称为“饮茶饼干”的点心，必须随茶送上。

（6）德国　1657年，茶叶首先出现在德国的一家药店里，逐渐成为德国人的生活饮料。德国饮的茶叶品种较多，绿茶、花茶都有，但更喜欢饮红茶。德国人饮的茶并不是泡的，而是冲的。饮茶时，将茶叶放在细密的金属筛子上，不断地用沸水冲泡，冲下的茶水通过安装在筛子下的漏斗流到茶壶内，然后将筛子中的茶叶倒掉。这种冲茶之法，为德国人所独有。德国人还喜欢饮一种本国产的“花茶”，这种花茶是用茉莉花、玉兰花或米兰花等花瓣为原料，再加上苹果、山楂等果干制作而成，实是一种“有花无茶”的“非茶之花茶”。德国人在饮花茶时，还须加上适量的糖。如今，德国人饮茶已渐趋多样化，并在饮茶与喝咖啡之间寻找新的平衡点。

（7）乌克兰　乌克兰人爱饮茶，一日三餐离不开茶，他们喜欢饮红茶，特别喜欢饮由红茶调制而成的调味茶，大多喜欢在红茶中加入一些蜂蜜、柠檬、姜片等；由于加入调料的以及拼配调料比例的不同，可配制出不同风味的调味茶。这样，可以根据各人的不同要求，从中找出适合的风味茶品。乌克兰人还喜欢饮凉茶，凉茶中加了柠檬、桔梗，甚至果蔬等，口感有点黏稠，却有透凉止渴、甜酸可口之感。除此之外，他们也喜欢饮一种茶中配有花草的香草茶。这种茶特别受到乌克兰年轻女性的青睐，她们认为香草茶既有茶的清香，又有药的疗效，对人体具有保健美容的功能。

4. 非洲国家的饮茶习俗

（1）埃及　埃及人酷爱煮饮红茶，家中来客时，热情的埃及人总会备上一杯加入白糖的甜红茶，这就是埃及人最爱的甜茶。他们不爱在红茶中加入牛奶，偏偏爱在其中加入蔗糖。先将茶叶放进小壶里，注水加糖，然后再加热至水开，这样的红茶浓厚醇香，是埃及人的最爱。在饮用甜茶时，用小巧的玻璃茶具，还会特意备一杯冷水，供饮者稀释茶水，自由调节茶水浓度。实际上这种甜茶的浓度仍然是非常高的，几杯入口，不习惯食甜的人难免会觉得过分甜腻。

（2）摩洛哥　摩洛哥是“绿茶消费王国”。他们把茶当作待客佳品，流行饮用薄荷绿茶。在摩洛哥人眼里最好的绿茶大都来自中国。摩洛哥地处热带，当地人爱吃羊肉，食用完后，饮上一杯浓茶，既可以消暑解渴，又可以祛除油腻，帮助消化。一般每天都要饮四五次茶。摩洛哥人饮茶用镀银的金属茶具，成套使用，十分精致、华丽，是典型独特的“摩洛哥风格”。

摩洛哥人饮茶偏好煮饮，很少沏泡。先将水烧开，但不得使水过沸。随后取茶入壶，冲入温开水，摇晃几下后立刻将水倒去，谓之“洗茶”。然后再冲入开水，加入摩洛哥本地产的方糖，另加一大把薄荷叶，煮几分钟后，便开始沏茶，将茶壶高高举起，茶汤便以优美的弧度落入杯盏之中，带着薄荷的茶香瞬间在屋内弥漫，一杯薄荷茶便做好了。每当有客人来访，主人总会献上“三杯茶”以示礼貌。他们认为壶中茶可以续水三次，但每杯的感受是不一样的，所以有“三杯见人生”之说。客人接过茶后应一饮而尽，否则会被认为不礼貌。

（3）肯尼亚　肯尼亚人饮茶是自上而下普及开来的，他们爱喝红茶，与英国一样，习惯喝调饮红茶。上午10点，是肯尼亚人的早茶时间，他们饮茶所用的杯子是陶瓷咖啡杯，杯身通常会有烫金花纹装饰，杯子中还会有一个小勺子，加糖后再用小勺子轻轻搅拌几圈，让蔗糖充分溶解于茶中，美好的早茶时间就在茶香中度过。待客接物时，通常还会配上一种当地特有的小点——萨姆布色，这是一种带馅的油炸食品，供饮茶时食用，以缓解油炸带来的油腻。

（4）索马里　索马里人饮红茶，茶煮好后还会加入大量蔗糖，糖分很高。泡茶时先将水烧开，然后放入茶叶，茶汤出色后便立即将茶叶滤出，加入蔗糖继续煮，直到茶汤呈现红黑色为止。有时，还会在茶汤中加入小豆蔻和肉桂来调香。

（5）毛里塔尼亚　当地人早间、午后、睡前都要饮茶。他们将大把茶叶放进一把小瓷壶或铜壶里，待水开后，再在其中加入白糖、薄荷叶，然后将茶汤倒入玻璃杯中。如此一杯又浓又香的薄荷茶才算完成。在毛里塔尼亚，茶也是重要的待客之道。家中来客时，主人会用三道茶敬客。第一道茶味最重，微苦；第二道茶的薄荷味与甜味会加重，相对的茶味会减弱；而第三道茶最甜，薄荷味也最重。这三道茶喝完后，会有很好的提神解乏、促进食欲、帮助消化的功能。在主人敬“三道茶”时，客人不能拒绝，一定得饮，否则会被视为不恭。若主人开始敬第四道茶了，这时客人应该谢绝，否则也会被视为不礼貌。在敬茶的过程中，本着对主人的尊重，客人不得中途离开。

（6）马里　我国的眉茶、珠茶在这里最受欢迎。走在马里街头，随便走进一家杂货铺，都能买到来自中国的绿茶。杂货铺通常有一个铁质的小炭炉。营业时，店主人就会支起炭炉烧水煮茶，供顾客饮用。马里人煮茶时，需要用两把壶：一把是塑料质地的，主要用于打水和续水；一把是铜质的，用于煮水煮茶。铜茶壶的壶身与壶嘴交汇处，还有一层特制的滤网，这样倒茶时可防止茶叶流入饮杯。煮茶前会先清洁茶具，然后直接把一小盒茶叶都放进铜茶壶，再放几块糖、几片薄荷叶，用塑料小壶冲入冷水进行加热。当水沸腾后，店家会拿出一个小瓷盘，瓷盘上放着一些小玻璃杯，把茶倒入小杯中，让顾客慢慢品尝，别有一番风味。在马里还有一个习俗，如果客人要到主人家中做客的话，应提早与主人商定，因为主人得事前选择好茶叶、清洁好茶具、准备好茶点，以免失礼。

5. 美洲国家的饮茶习俗

（1）美国　美国的饮茶历史不到300年，最初喝我国的绿茶，后来主要喝红茶，并且酷爱在红茶中添加柠檬、糖、牛奶等调节口感。绝大多数的美国人拒绝冒着热气的茶水，他们更爱饮冰茶。

美国人四季都喜欢冰茶。冰茶制作简单，选用心仪的茶叶，绿茶、红碎茶都可，经浸泡或煮沸后滤去茶渣，再在茶汤中加入柠檬、牛奶、果汁、糖等调味，最后加入适量冰块；或者放入冰箱冷却待用。美国在鸡尾酒里加入适量茶水，这就是鸡尾茶酒。通常加高档红茶，滋味浓烈，汤色鲜艳明亮，这样才不会让鸡尾酒夺走茶的风头，从而达到鸡尾茶酒滋味的平衡。当然也有选择绿茶、乌龙茶、普洱茶加入鸡尾茶酒的。

（2）加拿大　加拿大人喜欢饮红茶，对下午茶推崇备至。每天下午四五点时，当地人都会放下手头的工作，自己动手或者订一壶热气腾腾的茶。他们的泡茶方式很奇特，在开始泡茶前会把瓷壶用开水烫洗一遍，加入一匙茶叶（通常是较为高档的红茶），用沸水浇注在茶叶上。浸泡七八分钟后滤去茶渣，再将茶汤注入另外一个壶内。接下来多数加拿大人会在茶汤里加入乳酪和糖，制成浓香爽滑的红奶茶。在加拿大，有一种柑橘茶很受女性欢迎。他们认为橘子的果皮、果肉、果核含有的某种物质有预防乳腺癌的作用，因此，用橘子的果皮、果核泡制而成的柑橘茶备受女性的青睐。加拿大是枫树之国，从枫树里提取汁液煎熬成的糖就是所谓的枫树糖。而加入了这种特殊糖类的茶就是鼎鼎有名的“枫树糖茶”。

（3）墨西哥　墨西哥的饮茶习俗自成一派，充满独特的民族性。许多人有饮调饮红茶之习，但还有不少人爱喝“非茶之茶”，如仙人掌茶和玫瑰茄茶。

仙人掌是墨西哥的国花，墨西哥人除了将仙人掌制作成菜肴外，也喜爱将精致加工的仙人掌烘干储存，按需冲泡，当茶饮用。当地人认为仙人掌茶具有降低血糖、血压和血脂的功能，还能促进新陈代谢、提高免疫力。墨西哥的另一种“非茶之茶”便是玫瑰茄茶。玫瑰茄茶不但滋味酸甜，风味独特，更具有美容养颜、敛肺止咳、降血压、解酒等功效，因此受墨西哥人喜爱，普遍用来作为茶饮。

（4）阿根廷　除了调饮红奶茶外，阿根廷人还爱喝马黛茶。饮茶时，将马黛茶放在瓢筒中，冲上开水，加糖，然后用银制吸管慢慢吮吸。阿根廷人常以马黛茶款待客人，客人应欣然接受，并在喝过茶后，使劲咂咂唇，以表示接受了主人赐给的口福。他们常以家乡最珍贵的马黛茶、茶杯和吸管作为礼物赠给客人和朋友，以作为永久的纪念品。

6. 大洋洲国家的饮茶习俗

（1）澳大利亚　19世纪初，澳大利亚人开始饮茶。澳大利亚人钟情茶味浓厚、刺激强烈、汤色鲜艳的全发酵红碎茶。沏茶采用一次性冲泡法，滤去茶渣后，再加入牛奶、糖，制成牛奶红茶。或者加入柠檬、糖，制成柠檬红茶。这种调饮红茶的方式显然与英国饮茶风俗相似。

（2）新西兰　从19世纪中期开始饮茶，主要饮的是红茶。20世纪60年代，饮茶也开始逐渐趋向多样化，虽然全国仍以饮红茶为主，但乌龙茶、绿茶、花茶等品种也有不少人喜欢。新西兰人的晚餐多在茶室、茶厅进行，因此在新西兰城镇，茶室、茶厅随处可见。

7. 世界部分国家的礼仪与禁忌

1）日本人在数字方面很忌讳 4 和 9；绿色被认为是不吉利的颜色；日本人视荷花为不祥之物，因此不要用带有荷花图案的茶具为日本顾客奉茶。

2）韩国人在数字方面很忌讳 4。

3）印度人以右为尊，左手被视为不干净的象征。

4）英国人认为菊花只用于万圣节或葬礼；白色的百合花在英国象征死亡，也不宜摆放在茶桌上。

5）法国人忌讳菊花、杜鹃花及黄色的花；不要用仙鹤图案的茶具，因为他们认为仙鹤是蠢汉的标志；也不要送核桃，核桃是不吉祥的标志。

6）俄罗斯人特别忌讳 13 这个数字，认为它是凶险和死亡的象征。俄罗斯有“左主凶，右主吉”的传统说法，因此，切忌用左手为俄罗斯顾客服务。

7）德国人饮食上忌食核桃。

8）美国人忌讳 13 这个数字。

9）加拿大人忌讳白色的百合花，人们习惯用它来怀念逝者。

1.1.2 礼仪接待英语基本知识

1. 常用专业词汇

茶叶相关语中英文对照见表 1-1。

表 1-1 茶叶相关术语中英文对照

类别	词汇	相关词汇
Tea production 茶叶制作	Tea process 制作茶	Tea making
	Fresh tea leaves 茶鲜叶	Fresh leaf
	Tea harvesting 采茶	Tea-plucking
	Oxidation 氧化	Oxidized
	Fermentation 发酵	Fermented Non-fermented Partially fermented Completely fermented Post fermented
	Refining 精制	Refine
	Fixating 杀青	Fixation
	Withering 萎凋	—
	Rolling 揉捻	—
	Roasting 焙火	—
	Sweltering 闷黄	—
	Piling 渥堆	—

（续）

类 别	词 汇	相关词汇
Tea types 茶叶类型	Green tea 绿茶	—
	Yellow tea 黄茶	—
	White tea 白茶	Aged White Tea
	Oolong tea 乌龙茶	—
	Black tea 红茶	Black Tea with Foam
	Dark tea 黑茶	—
	Pu'er tea 普洱茶	Fresh pu'er tea Aged pu'er tea Fermented pu'er tea Non-fermented pu'er tea
	Scented tea 花茶	Osmanthus-scented tea Rose-scented tea Lychee-scented tea Jasmine-scented tea
	Spiced tea 调味茶	—
Tea appearance 茶叶外形	Strip appearance 条形	—
	Needles appearance 针形	—
	Cake appearance 饼形	—
	Round appearance 圆形	—
	Motar appearance 臼形	Bowl appearance
	Brick appearance 砖形	—
	Pearl appearance 珠形	—
	Column appearance 柱形	—
	Pillow appearance 枕形	—
	Shell appearance 贝壳形	—
	Flaky 片状	—
Tea storage 茶叶储存	Preserving tea 储存茶	—
	Rested tea 醒茶	—
	Aged tea 陈茶	—
Tea infusion 茶叶冲泡	Brewing tea 泡茶	Steeping tea Making tea Preparing tea
	Re-steeping multiple times 多次冲泡	Multiple infusions of the same leaf
	Tea to water ratio 茶水比	—
	Tea amount 茶量	—
	Water temperature 水温	—
	infusion time 浸泡时间	Brewed time Infusing time Steeping time

2. 常用问候语

（1）商务问候及正式问候　在商务场合一般使用正式的问候方式，尤其是对待长者。年轻人之间常用非正式的方式问候。

1）Hi. ——嗨。

可以使用“Hi”来问候某人而不是“你好”。它在年轻人中特别受欢迎。“嗨”适合在任何休闲场合使用。

2）Good morning，good afternoon，good evening. ——早上好，下午好，晚上好。

这些是说“你好”的正式方式，它根据一天中的时间而变化。

3）It's nice to meet you or I'm pleased to meet you. ——很高兴见到你。

这些问候是正式和礼貌的。在第一次见到某人时才使用这些问候语。下次当你看到这个人时，可以说“再次见到你很高兴”来表明你记得他或她。

4）How have you been？——你/您好。

这个问候只限于已经见过的人。如果有人问你“你过得怎么样?”他们想知道自从你们两个人见面以来你是否一直都很好。

5）How do you do？——你/您好。

这种问候是非常正式的，并且非常罕见，一些老年人会使用这样的问候方式。

（2）推介语

1）I'm sorry to bother you，sir/madam，but I thought you would be interested to know that…——先生/女士，我很抱歉打扰你，但我觉得你有兴趣知道……

2）I'll only take a moment of your time，sir/madam…——我只耽误您一点儿时间，先生/女士……

3）I'm bothering you about an offer that I think will appeal to you…——我打扰您是觉得有一个会特别吸引您的商品……

4）This really is an extraordinarily rare offer，sir/madam…——这真是一个非常罕见的商品，先生/女士……

5）That's true，sir/madam，but…——这是真的，先生/女士，但……

（3）感谢语

1）Thank you（Thanks）. ——谢谢。

2）We really appreciate you coming in today. Have a great day！——我们非常感谢你今天的到来。祝你有美好的一天！

We appreciate your business and look forward to seeing you again soon. ——我们感谢您的光顾，并期待很快再见到您。

3）Thank you for letting me explain what happened. I'm truly grateful. ——谢谢你让我解释发生了什么。我真的很感激。

1.1.3　特殊宾客的接待

茶在许多国家成为东方文明的一种象征，它代表着和平共处、崇尚自然的东方文明。近几年来，源于中国、兴于亚洲的茶，在全世界的传播越来越广，越来越深入。不同的文化，为茶产业带来了新的交融和创新。当中国茶走向世界时，茶便成了一种很好的东西方文化交流载体，越来越多的国外宾客对我国古老的茶文化产生兴趣。于是，茶艺馆成为他们了解茶文化的好去处，茶艺馆接待外宾则成为重要的工作。

1. 接待外宾注意事项

1）在茶艺服务接待过程中，以礼貌语言、礼貌行动、礼宾规程为行为准则，充分体现中国是礼仪之邦。在此前提下，当某些茶艺接待方式不适合外宾时，可适当结合外宾国家的礼节、礼仪，以表示对宾客的尊重和友好。茶艺师接待外宾，讲究仪表和衣帽整洁，着茶艺馆特色服饰或中国传统服饰，面、手、服饰要洁净。短发宜干净利落，长发宜束起，指甲要修剪整齐。礼貌用语作为礼仪的表现形式，将茶艺馆的茶艺服务人员与外宾连接起来，通过美好的语言，让外宾充分感受到中国人的热情好客。茶艺馆接待外宾时，“您好”“请”“谢谢”“对不起”“再见”这些礼貌用语贯穿了整个茶艺服务过程，体现茶艺服务的礼仪。在茶艺接待工作中，不要吃有强烈辛辣气味的食物，以免口气影响交流。

2）茶艺服务人员在接待外宾时，要注意维护伟大祖国的光辉形象，态度热情大方，不卑不亢，以“民间外交官”的姿态和形象出现。国际礼仪的不亢不卑原则，要求保持人格平等，避免和克服“亢”和“卑”这两种置对方或置自身于不平等位置上的交往态度。茶艺服务人员应注意尊重外宾的同时不对外宾的身份背景有过多的设想，把外宾看成茶艺爱好者，进行平等友善交流，相信自己的能力和实力，坚持实事求是的态度，不说大话也不过分谦虚，不宜私自接受外宾的礼品，更不可暗示外宾送礼。

3）在茶艺接待工作中，当因文化背景、风俗习惯的不同，造成冲突或误解时，茶艺服务人员应耐心加以解释，力求解除误解，化解冲突。若外宾提出一些失礼甚至无理的要求，在坚守原则的情况下，宽容别人，给宾客一个体面的下台阶的机会，以保全宾客的面子，保持和谐的饮茶氛围。不同国家的文化习俗有别，社会制度有异，思维方式和理解角度常常有较大差别，所以在茶艺服务过程中要互相尊重，谨慎从事。尊重习俗是国际交往中很重要的一条礼仪原则。

4）在茶艺接待工作中，当遇重要外宾提前订位或提出考察交流要求时，在外宾抵达之前，应做好充分的准备工作。要确认来访外宾或代表团的基本情况，如来访外宾的总人数，是否包括主宾和其他人员的配偶，来访人员的职务、性别、礼宾次序、有无茶饮禁忌或特殊需求等，这些均可请对方事先提供。

5）接待人员应严格遵守时间，不迟到、不早退，不无故缺席。提供茶艺服务时，尽量不给外宾造成麻烦或不便，不打搅外宾、不干扰影响外宾，尊重外宾。尊重外宾的服饰打扮、形貌、动作、表情、隐私等。遇到熟悉的外宾，应主动友好地招呼致意，热情接待。

2. 华侨的接待

华侨文化上与我们同根，血脉上与我们同源，但因生活地域的不同，日常礼仪习俗方面会有较大的差异，在接待时要注意以下几点：

（1）热情周到　这些顾客离开祖国的时间较长，有些已经在外生活了两三代人。他们对国内的认知很多来源于小时候的记忆、父辈的描述，以及海外媒体的报道。近百年来，尤其是新中国成立至今，我国的文化形态、社会结构、经济状况、城乡面貌等都已经发生了天翻地覆的变化。在接待时要热情周到地帮助这些顾客了解我国的新面貌。

（2）尊重礼仪　中国是礼仪之邦，虽然华侨在别的文化圈中生活时间较长，很多人也会保留着传统的礼仪习惯，比如见面的作揖、互赠书画作品作为伴手礼、老派的尊称等。因此在接待时要有对应的礼节，不可失仪。

（3）求同存异　世界上各个国家都有着自己的国情和发展情况，而茶艺馆或茶艺活动是一个文化展示平台，这个平台的功能只是展示我们美好的、优雅的茶艺文化，这些就足够了。

（4）平等友好　不论顾客从何而来，进了茶艺馆就应该受到平等的接待，不能因为对方的身份、所来自的地区不同而区别对待。

1.2 茶事准备

1.2.1 茶叶品评及质量鉴别

我国茶叶种类丰富，花色繁多，每个产品都有自己的品质特征。对于茶叶质量的品鉴有理化鉴别与感官审评两类，对于茶艺师来说，要掌握的是感官审评的基本方法。

1. 茶叶品鉴的基本要求

茶叶品鉴的要求涉及人与环境两个方面。人是主观因素，环境是客观条件，两者相辅相成。

（1）人的要求　品评茶叶时，在身体和行为方面，应具备这些条件：茶艺师应该对茶叶的生产及茶化学知识有一定的了解，对六大茶类的品质特征与质量要求要清楚，还要熟练掌握茶叶评价的语言体系；感官灵敏、身体健康、休息充分，健康的身体和充沛的精力是感官准确的基础；不抽烟、不饮酒、不吃重口味的食物，评茶时要求感官敏锐，而烟酒及重口味食物会影响味觉与嗅觉；保持身体卫生，周身无异味；不使用有气味的化妆品及洗涤用品，这些用品的气味会干扰人们对茶香气的判断。人的感官敏锐性受先天和后天因素影响，先天条件不能改变，但后天的训练可以使感觉得到强化。因此，茶艺师在加强茶叶知识学习的同时，也要经常训练自己的感官，养成清淡健康的饮食习惯。

（2）环境条件　茶叶品鉴的场所要求光线柔和明亮，房屋以南北朝向为佳，周围没有花杂的色彩；如果室外光线不足，可以用室内光源，但注意灯光不可偏蓝或偏黄，普通的白色荧光灯最好；室内墙壁以白色为佳，整个空间要干燥，不要有潮湿气；室内保持空气流通，照明设备无异味；室内不要放置有气味的花草，也不要有食物的气味；室内室外都要保持安静，以免影响工作人员的情绪。

（3）工具要求　审评盘、审评杯、审评碗均应用纯白色。审评盘不宜太大，以 20 厘米

×20 厘米×4 厘米为宜。另外还要准备几个大规格的茶样盘，用于拼配茶样和分样。审评杯有白色柱形瓷杯与盅形带盖瓷盏两种，柱状杯的容量通常是 150 毫升，盅形瓷盏的容量通常是 110 毫升。审评青茶时用盅形瓷盏，也可以用柱状杯，审评碗的大小通常是与审评杯配套的。叶底盘用木质黑色小方盘，规格为 10 厘米×10 厘米×2 厘米。其他工具还有水壶、网匙、汤碗、茶匙等。这是一般茶艺馆的用具，如果是专业的审评，用具需要按评茶专业要求来准备。

2. 茶叶感官审评方法

通用的茶叶感官审评方法为五因子审评法，也有细分为八因子审评法的，与五因子审评法大同小异。取代表性的茶样 150~200 克放入茶样盘中，评其外形。随后从茶样盘中撮取 3 克茶叶倒入审评杯内，再用开水壶中的沸水冲至杯满。浸泡 5 分钟左右，将茶汤沥入审评碗中，评其汤色，并闻杯内香气。然后再用茶匙取茶汤入小杯中尝滋味。最后将茶渣倒入叶底盘中审评叶底。对其中每一审评项目均要写出评语。不同茶叶的浸泡时间不一样（见表 1-2），绿茶浸泡 4 分钟，黄茶、白茶、红茶、黑茶通常浸泡 5 分钟，乌龙茶则用盅形瓷盏审评 3 次，依次是 2 分钟、3 分钟、5 分钟。无论瓷盏大小，茶与水的比例均为 1∶50。蒸青绿茶开汤审评有时会使用白瓷碗，每只茶样取 2 份，分别放入碗内，加沸水冲泡后，一只碗在 2~3 分钟后用于嗅香气，另一只碗中的叶捞出后，看茶汤，尝滋味，并审评叶底。

表 1-2　各类茶冲泡时间

茶　　类	冲泡时间/分钟
绿茶	4
红茶	5
乌龙茶（条形、卷曲形）	5
乌龙茶（圆结形、卷曲形、颗粒形）	6
白茶	5
黄茶	5

（1）红茶、绿茶、黄茶、白茶、乌龙茶（柱形杯审评法）　取有代表性茶样 3 克或 5 克，茶水比（质量体积比）1∶50，置于相应的审评杯中，注满沸水，加盖，计时，按表 1-2 选择冲泡时间，依次等速滤出茶汤，留叶底于杯中，按汤色、香气、滋味、叶底的顺序逐项审评。

（2）乌龙茶（盖碗审评法）　沸水烫热茶杯碗，取有代表性茶样 5 克，置于 110 毫升倒钟形评茶杯中，快速注满沸水，用杯盖刮去液面泡沫，加盖。1 分钟后，揭盖嗅其盖香，评茶叶香气，至 2 分钟沥茶汤入评茶碗中，评汤色和滋味。接着第二次冲泡，加盖，1~2 分钟后，揭盖嗅其盖香，评茶叶香气，至 3 分钟沥茶汤入评茶碗中，再评汤色和滋味。第三次冲泡，加盖，2~3 分钟后，评香气，至 5 分钟沥茶汤入评茶碗中，评汤色和滋味。最后闻嗅叶底香，并倒入叶底盘中，审评叶底。结果以第二次冲泡为主要依据，综合第一次、第三次冲泡，统筹评判。

（3）黑茶（散茶）（柱形杯审评法） 取有代表性茶样 3 克或 5 克，茶水比（质量体积比）1∶50，置于相应的审评杯中，注满沸水，加盖浸泡 2 分钟，按冲泡次序依次等速将茶汤沥入评茶碗中，审评汤色、嗅杯中叶底香气、尝滋味后，进行第二次冲泡，时间 5 分钟，沥出茶汤依次审评汤色、香气、滋味、叶底。汤色以第一泡为主评判，香气、滋味以第二泡为主评判。

（4）紧压茶（柱形杯审评法） 取有代表性的茶样 3 克或 5 克，茶水比（质量体积比）1∶50，置于相应的审评杯中，注满沸水，依紧压程度加盖浸泡 2~5 分钟，按冲泡次序依次等速将茶汤沥入评茶碗中，审评汤色、嗅杯中叶底香气、尝滋味后，进行第二次冲泡，时间 5~8 分钟，沥出茶汤依次审评汤色、香气、滋味、叶底。结果以第二泡为主，综合第一泡进行评判。

（5）花茶（柱形杯审评法） 拣除茶样中的花瓣、花萼、花蒂等花类夹杂物，取有代表性的茶样 3 克，置于 150 毫升精制茶评茶杯中，注满沸水，加盖浸泡 3 分钟，按冲泡次序依次等速将茶汤沥入评茶碗中，审评汤色、香气（鲜灵度和纯度）、滋味；第二次冲泡 5 分钟，沥出茶汤，依次审评汤色、香气（浓度和持久性）、滋味、叶底。结合两次冲泡综合评判。

（6）袋泡茶（柱形杯审评法） 取一茶袋置于 150 毫升评茶杯中，注满沸水，加盖浸泡 3 分钟后揭盖上下提动袋茶两次（两次提动间隔 1 分钟），提动后随即盖上杯盖，至 5 分钟沥茶汤入评茶碗中，依次审评汤色、香气、滋味和叶底。叶底审评茶袋冲泡后的完整性。

（7）粉茶（柱形杯审评法） 取 0.6 克茶样，置于 240 毫升的评茶碗中，再用 150 毫升的审评杯注入 150 毫升沸水，定时 3 分钟并用茶筅搅拌，依次审评其汤色、香气和滋味。

在审评时要养成编号与记录的良好习惯。专业的评茶人员在几分钟内就可以完成一款茶的审评，审评的结果不一定当时就用；对一款茶的最终评价，是综合所有审评因子的表现后得出的，所以需要对结果加以记录以备查。同时审评多款茶样时，尤其是多位评茶人员共同参与审评时，审评工具常会移动，如果没有编号，很容易混淆，影响审评的正常进行。

保持规范操作一致性。审评多款茶样时，保持操作一致，不仅是对操作动作的要求，还包括对时间等因素的控制。称取茶样时，样品的代表性是通过操作动作的规范一致来实现的。茶叶审评流程要由一人独立完成，以免产生误差。

3. 茶叶质量等级评定（见表 1-3~表 1-11）

表 1-3 绿茶品质评语与各品质因子评分表

因子	级别	品质特征	给分	评分系数
外形	甲	以单芽或一芽一叶初展到一芽二叶为原料，造型有特色，色泽嫩绿或翠绿或深绿或鲜绿，油润，匀整，净度好	90~99	25%
	乙	较嫩，以一芽二叶为主原料，造型较有特色，色泽墨绿或黄绿或青绿，较油润，尚匀整，净度较好	80~89	
	丙	嫩度稍低，造型特色不明显，色泽暗褐或陈灰或灰绿或偏黄，较匀整，净度尚好	70~79	

（续）

因子	级别	品质特征	给分	评分系数
汤色	甲	嫩绿明亮或绿明亮	90~99	10%
	乙	尚绿明亮或黄绿明亮	80~89	
	丙	深黄或黄绿欠亮或混浊	70~79	
香气	甲	高爽有栗香或有嫩香或带花香	90~99	25%
	乙	清香，尚高爽，火工香	80~89	
	丙	尚纯，熟闷，老火	70~79	
滋味	甲	甘鲜或鲜醇，醇厚鲜爽，浓醇鲜爽	90~99	30%
	乙	清爽，浓尚醇，尚醇厚	80~89	
	丙	尚醇，浓涩，青涩	70~79	
叶底	甲	嫩匀多芽，较嫩绿明亮，匀齐	90~99	10%
	乙	嫩匀有芽，绿明亮，尚匀齐	80~89	
	丙	尚嫩，黄绿，欠匀齐	70~79	

表1-4 工夫红茶品质评语与各品质因子评分表

因子	级别	品质特征	给分	评分系数
外形	甲	细紧或紧结或壮结，露毫有锋苗，色乌黑油润或棕褐油润显金毫，匀整，净度好	90~99	25%
	乙	较细紧或较紧结，较乌润，匀整，净度较好	80~89	
	丙	紧实或壮实，尚乌润，尚匀整，净度尚好	70~79	
汤色	甲	橙红明亮或红明亮	90~99	10%
	乙	尚红亮	80~89	
	丙	尚红欠亮	70~79	
香气	甲	嫩香，嫩甜香，花果香	90~99	25%
	乙	高，有甜香	80~89	
	丙	纯正	70~79	
滋味	甲	鲜醇或甘醇或醇厚鲜爽	90~99	30%
	乙	醇厚	80~89	
	丙	尚醇	70~79	
叶底	甲	细嫩（或肥嫩）多芽或有芽，红明亮	90~99	10%
	乙	嫩软，略有芽，红尚亮	80~89	
	丙	尚嫩，多筋，尚红亮	70~79	

表 1-5 （红）碎茶品质评语与各品质因子评分表

因子	级别	品质特征	给分	评分系数
外形	甲	嫩度好，锋苗显露，颗粒匀整，净度好，色鲜活润	90~99	20%
	乙	嫩度较好，有锋苗，颗粒较匀整，净度较好，色尚鲜活油润	80~89	
	丙	嫩度稍低，带细茎，尚匀整，净度尚好，色欠鲜活油润	70~79	
汤色	甲	色泽依品类不同，但要清澈明亮	90~99	10%
	乙	色泽依品类不同，较明亮	80~89	
	丙	欠明亮或有混浊	70~79	
香气	甲	高爽或高鲜、纯正，有嫩茶香	90~99	30%
	乙	较高爽、较高鲜	80~89	
	丙	尚纯，熟、老火或青气	70~79	
滋味	甲	醇厚鲜爽，浓醇鲜爽	90~99	30%
	乙	浓厚或浓烈，尚醇厚，尚鲜爽	80~89	
	丙	尚醇，浓涩，青涩	70~79	
叶底	甲	嫩匀多芽尖，明亮，匀齐	90~99	10%
	乙	嫩尚匀，尚明亮，尚匀齐	80~89	
	丙	尚嫩，尚亮，欠匀齐	70~79	

表 1-6 乌龙茶品质评语与各品质因子评分表

因子	级别	品质特征	给分	评分系数
外形	甲	重实、紧结，品种特征或地域特征明显，色泽油润，匀整，净度好	90~99	20%
	乙	较重实，较壮结，有品种特征或地域特征，色润，较匀整，净度尚好	80~89	
	丙	尚紧实或尚壮实，带有黄片或黄头，色欠润，欠匀整，净度稍差	70~79	
汤色	甲	色度因加工工艺而定，可从蜜黄加深到橙红，但要求清澈明亮	90~99	5%
	乙	色度因加工工艺而定，较明亮	80~89	
	丙	色度因加工工艺而定，多沉淀，欠亮	70~79	
香气	甲	品种特征或地域特征明显，花香、花果香浓郁，香气优雅纯正	90~99	30%
	乙	品种特征或地域特征尚明显，有花香或花果香，但浓郁与纯正性稍差	80~89	
	丙	花香或花果香不明显，略带粗气或老火香	70~79	

（续）

因子	级别	品 质 特 征	给分	评分系数
滋味	甲	浓厚甘醇或醇厚滑爽	90~99	35%
	乙	浓醇较爽，尚醇厚滑爽	80~89	
	丙	浓尚醇，略有粗糙感	70~79	
叶底	甲	叶质肥厚软亮，做青好	90~99	10%
	乙	叶质较软亮，做青较好	80~89	
	丙	稍硬，青暗，做青一般	70~79	

表 1-7　黑茶（散茶）品质评语与各品质因子评分表

因子	级别	品 质 特 征	给分	评分系数
外形	甲	肥硕或壮结，显毫，形态美，色泽油润，匀整，净度好	90~99	20%
	乙	尚壮结或较紧结，有毫，色泽尚匀润，较匀整，净度较好	80~89	
	丙	壮实或紧实或粗实，尚匀净	70~79	
汤色	甲	根据后发酵的程度可有红浓、橙红、橙黄色，明亮	90~99	15%
	乙	根据后发酵的程度可有红浓、橙红、橙黄色，尚明亮	80~89	
	丙	红浓暗或深黄或黄绿欠亮或混浊	70~79	
香气	甲	香气纯正，无杂气味，香高爽	90~99	25%
	乙	香气较高，尚纯正，无杂气味	80~89	
	丙	尚纯	70~79	
滋味	甲	醇厚，回味甘爽	90~99	30%
	乙	较醇厚	80~89	
	丙	尚醇	70~79	
叶底	甲	嫩匀多芽，明亮，匀齐	90~99	10%
	乙	尚嫩匀，略有芽，明亮，尚匀齐	80~89	
	丙	尚柔软，尚明，欠匀齐	70~79	

表 1-8　紧压茶品质评语与各品质因子评分表

因子	级别	品 质 特 征	给分	评分系数
外形	甲	形状完全符合规格要求，松紧度适中，表面平整	90~99	20%
	乙	形状符合规格要求，松紧度适中，表面尚平整	80~89	
	丙	形状基本符合规格要求，松紧度较适合	70~79	
汤色	甲	色泽依茶类不同，明亮	90~99	10%
	乙	色泽依茶类不同，尚明亮	80~89	
	丙	色泽依茶类不同，欠亮或混浊	70~79	
香气	甲	香气纯正，高爽，无杂异气味	90~99	30%
	乙	香气尚纯正，无异杂气味	80~89	
	丙	香气尚纯，有烟气、微粗等	70~79	

（续）

因子	级别	品质特征	给分	评分系数
滋味	甲	醇厚，有回味	90~99	35%
	乙	醇和	80~89	
	丙	尚醇和	70~79	
叶底	甲	黄褐或黑褐，匀齐	90~99	5%
	乙	黄褐或黑褐，尚匀齐	80~89	
	丙	黄褐或黑褐，欠匀齐	70~79	

表 1-9　白茶品质评语与各品质因子评分表

因子	级别	品质特征	给分	评分系数
外形	甲	以单芽到一芽二叶初展为原料，芽毫肥壮，造型美，有特色，白毫显露，匀整，净度好	90~99	25%
	乙	以单芽到一芽二叶初展为原料，芽较瘦小，较有特色，色泽银绿较鲜活，白毫显，尚匀整，净度尚好	80~89	
	丙	嫩度较低，造型特色不明显，色泽暗褐或红褐，较匀整，净度尚好	70~79	
汤色	甲	杏黄、嫩黄明亮，浅白明亮	90~99	10%
	乙	尚绿黄明亮或黄绿明亮	80~89	
	丙	深黄或泛红或混浊	70~79	
香气	甲	嫩香或清香，毫香显	90~99	25%
	乙	清香，尚有毫香	80~89	
	丙	尚纯，或有酵气或有青气	70~79	
滋味	甲	毫味明显，甘和鲜爽或甘鲜	90~99	30%
	乙	醇厚较鲜爽	80~89	
	丙	尚醇，浓稍涩，青涩	70~79	
叶底	甲	全芽或一芽一、二叶，软嫩灰绿明亮、匀齐	90~99	10%
	乙	尚软嫩匀，尚灰绿明亮，尚匀齐	80~89	
	丙	尚嫩，黄绿有红叶，欠匀齐	70~79	

表 1-10　黄茶品质评语与各品质因子评分表

因子	级别	品质特征	给分	评分系数
外形	甲	细嫩，以单芽到一芽二叶初展为原料，造型美，有特色，色泽嫩黄或金黄，油润，匀整，净度好	90~99	25%
	乙	较细嫩，造型较有特色，色泽褐黄或绿带黄，较油润，尚匀整，净度较好	80~89	
	丙	嫩度稍低，造型特色不明显，色泽暗褐或深黄，欠匀整，净度尚好	70~79	

（续）

因子	级别	品质特征	给分	评分系数
汤色	甲	嫩黄明亮	90~99	10%
	乙	尚黄明亮或黄明亮	80~89	
	丙	深黄或绿黄欠亮或混浊	70~79	
香气	甲	嫩香或嫩栗香，有甜香	90~99	25%
	乙	高爽，较高爽	80~89	
	丙	尚纯，熟闷，老火	70~79	
滋味	甲	醇厚甘爽，醇爽	90~99	30%
	乙	浓厚或尚醇厚，较爽	80~89	
	丙	尚醇或浓涩	70~79	
叶底	甲	细嫩多芽或嫩厚多芽，嫩黄明亮，匀齐	90~99	10%
	乙	嫩匀有芽，黄明亮，尚匀齐	80~89	
	丙	尚嫩，黄尚明，欠匀齐	70~79	

表 1-11 花茶品质评语与各品质因子评分表

因子	级别	品质特征	给分	评分系数
外形	甲	细紧或壮结，多毫或锋苗显露，造型有特色，色泽尚嫩绿或嫩黄，油润，匀整，净度好	90~99	20%
	乙	较细紧或较紧结，有毫或有锋苗，造型较有特色，色泽黄绿，较油润，匀整，净度较好	80~89	
	丙	紧实或壮实，造型特色不明显，色泽黄或黄褐，较匀整，净度尚好	70~79	
汤色	甲	嫩黄明亮或嫩绿明亮	90~99	5%
	乙	黄明亮或黄绿明亮	80~89	
	丙	深黄或黄绿欠亮或混浊	70~79	
香气	甲	鲜灵，浓郁，纯正，持久	90~99	35%
	乙	较鲜灵，较浓郁，较纯正，尚持久	80~89	
	丙	尚浓郁，尚鲜，较纯正	70~79	
滋味	甲	甘醇或醇厚，鲜爽，花香明显	90~99	30%
	乙	浓厚或较醇厚	80~89	
	丙	熟，浓涩，青涩	70~79	
叶底	甲	细嫩多芽或嫩厚多芽，黄绿明亮	90~99	10%
	乙	嫩匀有芽，黄明亮	80~89	
	丙	尚嫩，黄明	70~79	

茶叶质量的审评，很大程度上可以帮助茶叶消费者掌握选茶的要点，通过对茶叶干看外形和湿评汤色、香气、滋味、叶底等 5 个项目的综合考评，可以正确评定茶叶质量的优次和等级。对于消费者而言，从体质、口感偏好、消费能力出发，通过茶叶感官审评的方法，可

以很好地了解茶叶的品质，选择出性价比高的茶。作为茶叶从业人员，有义务在推广茶品、茶文化的同时，传播正确选茶、择茶的方式方法，这也是为推动茶行业的发展做贡献。

1.2.2 高山茶与台地茶的鉴别

1. 高山茶的特点

高山云雾出好茶。多数高山茶与平地茶相比，都有香气高长、滋味浓郁的特点。高山出好茶，是由茶树的生态环境造成的。茶树的原产地在我国西南部多雨潮湿的原始森林中，经过长期进化，逐渐形成了喜温、喜湿、耐荫的生长习性。高山之所以出好茶就在于那里优越的生态条件，正好满足了茶树生长的需要。

茶树生长在高山多雾的环境中，一是由于光线受到雾珠的影响，使得红橙黄绿蓝靛紫 7 种可见光中的红黄光得到加强，从而使茶树芽叶中的氨基酸、叶绿素和水分含量明显增加；二是由于高山森林茂盛，茶树接受光照时间短、强度低、漫射光多，这样有利于茶叶中含氮化合物如叶绿素和氨基酸含量的增加；三是由于高山葱郁的林木，茫茫云海，空气和土壤的湿度得以提高，从而使茶树芽叶光合作用形成的糖类化合物缩合困难，纤维素不易形成，茶树新梢可在较长时期内保持鲜嫩而不易粗老。这种情况十分有利于茶叶色泽、香气、滋味、嫩度的提高，特别是对绿茶品质的改善大有裨益。

高山植被繁茂，枯枝落叶多，地面形成了一层厚厚的覆盖物，这样不但土壤质地疏松、结构良好，而且土壤有机物含量丰富，茶树所需的各种营养成分齐全。从生长在这种土壤中的茶树上采摘下来的新梢，有效营养成分特别丰富，加工成的茶叶，自然香高味浓。

一般海拔每升高 100 米，气温大致降低 0.6℃，而温度决定着茶树中酶的活性。现代科学分析表明，茶树新梢中茶多酚和儿茶素的含量随着海拔的升高、气温的降低而减少，从而使茶叶的浓涩味减轻，而茶叶中氨基酸和芳香物质的含量却随着海拔的升高、气温的降低而增加，这就为茶叶滋味的鲜爽甘醇提供了物质基础。茶叶中的芳香物质在加工过程中发生复杂的化学变化，产生某些类似鲜花的芬芳香气，如苯乙醇形成玫瑰香、茉莉酮形成茉莉香、沉香醇形成玉兰香、苯丙醇形成水仙香等。所以，许多高山茶具有某些特殊的香气。

高山出好茶，是由于高山的气候与土壤综合作用的结果。如果在制作时工艺精湛，茶叶的品质将更高。同样，只要气候温和、雨量充沛、云雾较多、湿度较大，以及土壤肥沃、土质良好，即使不是高山，但具备了高山生态环境的地方，也会生产出品质优良的茶叶。

2. 台地茶的特点

台地茶指那些运用现代茶叶种植技术，新种植的密植高产的现代茶园产出的茶叶。它们通常树龄较短，品种较新，由于密植和过多的人工增产干预，茶叶品质上较老树茶稍逊。这类茶园大多位于低矮平缓的丘陵甚至是平地上，“集中连片、高产”，伴随的是“喷药施肥、中耕修剪”。人工栽培后一直处于相对比较好的管理之中，如修剪、施肥、打药等措施是台地茶管理过程中的基本措施。

平地茶园，光照较强，多直射光，气温高，湿度低，叶片的持嫩性较差，叶片易老化，叶张较硬，纤维素含量高。平地茶多清香型甚至带青草气。茶园土壤的疏松透气性和保水能力，决定了茶树的生长状态；茶园多施有机肥既能改善土壤条件，也能提高香气品质；土壤中所含的部分有效微量元素会对茶叶挥发性香气成分形成影响。土壤疏松、透气和透水性能良好，有利于根系及土壤有益微生物的发育，加速土壤生物小循环，加快土壤营养富集、贮存和转化利用，从而保证根系对营养物质的吸收，增加滋味呈现的丰富度。另外，适当施加有机肥，侧重氮肥的添加，能够帮助绿茶滋味提升鲜醇感。低海拔区域出产的乌龙茶虽然香气比较浓郁，但是滋味容易苦涩，香味之间缺乏协调感，容易被判定为较低档的茶品。

云南大茶树包括野生大茶树和栽培型大茶树。野生大茶树（图 1-1 所示为云南凤庆 3200 年锦绣茶王）的主要特征是：乔木或小乔木型，树姿较直立，嫩枝无毛或少毛，叶片硕大，叶面平或微隆起，叶缘有稀钝齿。栽培型茶树的主要特征是：以灌木或小乔木型居多，树姿多开张或半开张，嫩枝多见有毛，叶革质或膜质，叶面平或隆起，叶缘有细锐齿。

图 1-1 云南凤庆 3200 年锦绣茶王

高山老树茶的茶气更足，滋味协调，味厚回甘好，叶底薄大而柔软；而台地茶滋味欠协调、味薄、生津回甘较差，叶底较硬。从理化成分与矿物质含量来看，老树茶与台地茶各有千秋，老树茶的茶多酚、儿茶素、总糖、寡糖和铁、铜、锰微量元素含量比台地茶高，而台地茶在灰分、水浸出物、氨基酸、多糖、黄酮及硼、锌、硫、磷、钾、钙、镁的含量上则高于老树茶。

鲍晓华在《普洱茶贮藏年限的品质变化及种类差异研究》一文中对同一年份来自台地茶、栽培型大茶树和野生大茶树的原料制成的普洱生茶饼进行了感官审评和内含成分的测定，主要有如下研究成果。

1）栽培型大茶树的条索肥壮，野生大茶树的条索更加肥壮，这两者都带有地域香，而野生大茶树的香气更偏向花香。

2）栽培型大茶树的内含物茶多酚和咖啡因明显比另外两种高，故口感上表现为更苦涩，野生大茶树的氨基酸和可溶性糖含量比另外两者高，茶汤的协调性更好。

3）三者儿茶素总量的对比中，栽培型大茶树的含量最高，野生大茶树含量最低，特别是 EGCG（表没食子儿茶素没食子酸酯）的含量差异更加显著。这些或许可以解释野生大茶树制成的成品茶口感不容易苦涩、回甘明显、茶气足等现象。

坊间常常谈及的老树茶和台地茶的品质区别并非简单的树龄大小的差异，与茶园环境、生态条件、栽培方式及品种的不同都有关联，这一点和其他茶区优质茶品的造就原因并无二致。

技能训练　审评乌龙茶的品质

1. 材料与器具准备

1）材料：大红袍特级、一级、二级 3 个等级的茶叶各 200 克。

2）器具：审评盘（20 厘米×20 厘米×4 厘米）、茶样盘、审评杯（110 毫升盅形瓷盏）、审评碗、叶底盘、水壶、网匙、汤碗、茶匙等。

2. 训练步骤

先介绍审评工具的名称与用法，再演示审评流程，针对每一款茶叶与茶汤分析感官特点，然后老师将学员分组，进行如下练习。

1）观察干茶的外形、颜色、香气，然后摇盘、取样。

2）称取茶样 5 克，放入容量为 110 毫升的审评杯中冲泡。第一次泡 2 分钟，嗅香气；第二次泡 3 分钟，嗅香气；第三次泡 5 分钟，嗅香气。每次嗅香控制在 5 秒钟。每次嗅香后看汤色，尝滋味。

3）叶底放入装有清水的叶底盘中，看嫩度、厚薄、色泽和发酵程度。

4）将每个环节观察的情况记录在审评表（表 1-12）中，全部操作结束后，对 3 款茶进行综合评价。

表 1-12　茶叶感官审评记录表

因子	档次	品质特征	给分	评分系数	得分
外形	特级		90～99		
	一级		80～89		
	二级		70～79		
汤色	特级		90～99		
	一级		80～89		
	二级		70～79		
香气	特级		90～99		
	一级		80～89		
	二级		70～79		
滋味	特级		90～99		
	一级		80～89		
	二级		70～79		
叶底	特级		90～99		
	一级		80～89		
	二级		70～79		
合计得分					
结论					

学员姓名：　　　　　　　　　　　　　　练习日期：

1.2.3 瓷器茶具的款式及特点

瓷器茶具从汉代开始逐渐成为我国茶具的主流，历代瓷器茶具款式各异，各有特点。从外观上看，瓷器茶具造型美观独特、装饰精致小巧、釉色丰富绚烂，观赏性佳；从泡茶效果看，瓷器无吸水性，用瓷器茶具泡茶可以很好地保留茶的色、香、味；从材质上看，瓷器茶具有一定的保温性，不烫手，也不容易炸裂；从茶水色彩上看，由于瓷器色彩丰富，因此可以很好地反映茶水的色泽。

1. 瓷茶碗

瓷茶碗早期模仿漆耳杯的形制，至唐代已经发展成为成熟的专用茶具。根据历代饮茶方法的不同，瓷茶碗的款式也各有特点。

（1）茶碗的颜色 唐代陆羽在《茶经·四之器》中说“碗，越州上”“越瓷类玉”“越窑类冰”“越瓷青而茶色绿”。陆羽认为“青则益茶”，所以越窑青瓷茶具质量好，更有益于茶汤色泽的呈现。由于我国古代饮茶大多数崇尚青绿色茶汤，所以青瓷茶碗的应用也就比较广泛。从已经出土的越窑青瓷茶具来看，唐代烧制青瓷茶具的窑场很多，著名的有浙江的越窑（图1-2）、湖南的岳州窑等。主要青瓷茶具有执壶、茶碗（瓯、盏）等。

除青瓷茶碗外，白瓷茶碗也受到人们普遍喜爱，白瓷的产地主要是北方的邢窑（图1-3）、定窑，元明时期还有南方的德化窑。唐宋时期的煎茶茶汤普遍呈黄绿色，盛在白瓷茶碗中汤色显黄，因此从唐至宋白瓷茶碗不太受到认可。到了明代，散茶撮泡法成为饮茶的主流，而德化窑的白瓷又比唐宋时期的白瓷更加纯净，因此人们开始将白瓷看作最好的品赏茶汤和茶叶的工具。明代景德镇的青白瓷虽是白色瓷胎，但上釉后颜色偏青，再加上绘制的青花图案，对欣赏茶汤茶叶是有一定影响的。饾彩（斗彩）瓷是在白瓷的基础上制作而成，外绘图案，杯内纯白，发展到清朝，还有绘满图案的美称“万花不落地”的彩瓷杯，只要不是釉上彩，在使用时与一般白瓷杯效果一样。在现代品茶活动中，白瓷非常适合绿茶、红茶、普洱茶的品饮，对提升茶汤的观感很有帮助。

图1-2 越窑青瓷莲花口茶盏

图1-3 邢窑白釉茶盏

黑釉（图1-4）茶碗在宋元时期因点茶的流行而受到人们的推崇，因为这样的颜色可以衬托出茶汤的白色泡沫。黄色釉与酱釉的茶碗对于品赏茶汤是不利的。这一类颜色的茶碗适合品赏乌龙茶、老白茶、黑茶等对茶汤颜色要求不高的茶类，对于绿茶、红茶之类不太适合。

图 1-4　江西吉州窑黑釉茶盏

（2）茶碗的造型　唐代茶碗分为两种，一类是《茶经》中描述的“口唇不卷，底卷而浅，受半升而已”的玉璧底碗；另一类出现得较晚，碗口常为五瓣花型，腹部压印成五棱，圈足稍稍外撇。茶碗结构上分有盏托与无盏托两种。有盏托的茶碗在使用时不烫手，在正式的饮茶活动中使用较多，这种款式在后来各朝的沿用仿制也比较多。

1）压手杯是现代茶碗常见的造型，口平坦外撇，腹壁近于竖直，自下腹壁内收，圈足。握于手中时，微微外撇的口沿正好压于手指，稳贴合手，所以称为压手杯。压手杯中最小的是若琛瓯，只有半个乒乓球大小，容量为 10～20 毫升，专门用来品饮工夫茶。

2）撇口杯的杯口略向外撇，腹微敛，滚圆圈足，形似仰口的铜钟。撇口杯也是很常用的杯形。

3）折腰杯的杯口不向外撇，腰部略收，高度大小适中，聚香、聚味。

4）六方杯形如其名，造型挺拔、棱角分明，六棱直而上翘，方中带曲。这种杯型在汝瓷中较为常见。

5）高足杯从先秦时期的豆（类似高足盘或碗）演化而来，唐代金银器中常有这种杯形，高足的杯身与压手杯相同。在使用时，高足杯可以拿杯身，如果茶汤温度高，也可以握杯足。

6）斗笠杯形似斗笠，口大足小，线条简洁优雅，烧成难度高。日式斗笠杯比中式的口要收敛一些。斗笠杯比其他的茶碗浅，茶汤易凉，适合夏季使用，方便观赏深色茶汤，很适合用来品饮熟普。图 1-5 所示为宋代建窑金酱釉斗笠形茶盏。

7）方斗杯是流行于明代的一种杯形，《红楼梦》中妙玉所用的绿玉斗就是这种杯形。方斗杯造型古朴，适合一些主题性品茶活动，如果是日常使用，就不如圆形杯碗舒适。

图 1-5 宋代建窑金酱釉斗笠形茶盏

8）鸡缸杯是明代著名的杯形，敞口浅腹卧足，放在桌上非常平稳，杯身绘有雄鸡、雏鸡的图案，画法稚拙可爱，适合有孩子参加的饮茶活动。

9）马蹄杯形似马蹄，流行于明清，现在使用的人也很多。马蹄杯敞口、斜削腹，握在手上略有压手杯的感觉。

2. 瓷壶

茶壶的款式由唐宋的汤瓶水注发展而来，而汤瓶水注的造型又由先秦时期的盉演变而来。盉是盛酒器和盛水器，流行于商代至战国，主要用途是盛水以调酒。基本造型为圆腹，带盖，前有长流（流，俗称壶嘴），后有鋬（俗称把手），下设三足或四足。商周时期，盉口大，腹深，流直，多作分裆式袋足或柱形足，商代足则多做成空心。春秋战国时，盉口变小，腹部扁圆，流往往做成弯曲的鸟头或兽头状，蹄形足较为常见，有的蹄形足做成动物形象。许多盉还加上弯曲的提梁，并用环索连接盉盖与提梁，造型轻盈秀巧，这是后来提梁壶的原型。

唐代的瓷壶大多用来盛冷水，侈口短流（大口短嘴壶），需要迅速倒水时，水是从壶口倒出的。宋代的瓷壶（图 1-6 所示为宋代的黑釉执壶）大多用来煮水，与之配套的除了只能加热一只壶的风炉，还有可以同时供几只壶烧水的镣炉，这种情况下，不易烫手的提梁壶也就普遍被人们采用。宋代的水注是点茶时必需的茶具，点茶需要注水时水流细而有力，因此宋代水注的流就被设计成细长的形状。明朝散茶撮泡法流行，壶的功能由煮水变为泡茶，汤瓶水注才真正成为茶壶。散茶撮泡法不需要有细长的流，因此明朝以后的瓷壶大多流都不长。如果是茶馆待客所用，瓷壶的容积会大一些，如果是家常日用，瓷壶通常会小一些。

图 1-6 宋代的黑釉执壶

瓷壶内外施釉，煮水泡茶时不会影响滋味，是最洁净的器具，唐朝人苏廙在《十六汤品》中将瓷壶煮出来的沸水称为“得一汤”。

1.2.4　陶器茶具的款式及特点

陶器作为中国饮茶最早的用具之一，经历了从粗陶、硬陶、釉陶、紫砂陶等几个发展阶段，但这种发展并不是淘汰式的发展，现代的陶器茶具各个阶段的都有，各有其适合的使用场所。陶茶碗的款式与瓷茶碗差不多，这里不再赘述，下面介绍陶壶与陶炉。

1. 陶壶

从使用角度来看，陶壶分为两大类，煮水用的与泡茶用的。煮水壶稍大一些，泡茶用的壶则要小一些。从材质来看，粗陶、硬陶、釉陶、紫砂陶均可用作煮水壶，如果是泡茶，则以釉陶、紫砂陶为宜。

明代以前的陶壶器型大约有两类：一是基本保持汉唐时期陶罐、陶瓶器形的，以贮水为主要功能；二是参照瓷壶的造型，以煮水为主要功能。在第二类中，有一小类称为铫子，也叫急须，今天的日本仍然称其为急须，唐末及北宋以后一度在南方流行。铫子的材质很多，雅士们爱用石铫，但便宜实用的还是陶质的。铫子的容量较小，煮一壶水通常可供一两人饮茶。宋代铫子常见的是单柄横把，也被称为横把壶（图 1-7）。铫子内侧施褐釉，外侧可以上釉，也可以不上釉，与后来煎中药的砂罐很像。铫子除了用作茶器，也可以用来煮酒，甚至煮粥，是古代旅行者的便携茶器。

图 1-7　粗陶横把壶

明代紫砂陶兴起，陶壶发展进入了一个新纪元。明代的紫砂壶多数器形较大，如南京吴经墓出土的紫砂提梁壶。器形大，与用途有关，明代大部分时期，紫砂壶用来煮水或煮茶，在茶馆中应用较多，属于多人使用的茶具。晚明至清朝，中小容量的紫砂壶应用渐多，从当时的绘画作品中可以发现，这与小范围的饮茶活动有关。明代茶人张源说：“饮茶以客少为贵，客众则喧，喧则雅趣乏矣。独啜曰神，二客曰胜，三四曰趣，五六曰泛，七八曰施。”人少，所用茶壶自然也小。从供春之后，历代紫砂名家设计了各种款式的紫砂壶，其中最重要的是陈曼生设计的曼生壶，把诗文、书画与紫砂壶陶艺结合起来，在壶上用竹刀题写诗文、雕刻绘画，称为“曼生十八式”（图1-8、图1-9所示为现代仿制的两种曼生壶），为紫砂壶创新带来了勃勃生机。

图1-8 石扁壶

图1-9 合欢壶

在南方闽粤地区流行更小的壶，传闻为惠孟臣所制，称为孟臣罐，清代袁枚称其壶小如香橼，是闽粤地区工夫茶必备的茶具。玉书碨是烧开水用的壶，它是一只缩小版的瓦陶壶，架在红泥炉上，专门用来烧开水。玉书碨为褐红色的薄瓷扁形壶，容量为250～500毫升。当开水沸腾时，壶盖会发出“卜卜”的声音。

从材质上看，紫砂茶具在高温下烧制而成，坯质致密坚硬，既耐寒又耐热，直接注入热水或直接用来煮茶皆不会引起破裂。而且紫砂茶具传热性慢，持壶倒茶也不易烫手。从茶水效果上看，用紫砂茶具泡茶，茶水不失原味且能阻止香味四散，保留真香，久放也不易变质。但是，紫砂茶具也有缺点，受色泽的限制，用它泡茶时，很难欣赏到茶叶上下浮动的美姿和汤色。

2. 陶炉

唐宋两代，高等级的茶会上，茶炉多为铁制，但更受文人雅士青睐的则是粗陶茶炉，也称为砖炉。白居易所说的“红泥小火炉”，苏轼所说的“砖炉石铫行相随”，都是指这样的陶炉。

陶炉款式有方、圆、高、矮之别，但从使用的角度来看，方圆之别没有大的影响，但高矮陶炉在使用时则要与茶席或茶案的高低相配。

传统的陶炉烧炭，因为饮茶场所的卫生要求，所用的炭以无烟无灰为好；煮水速度要快，因此炭的热值要高。一般人们会选择无烟的木炭或竹炭，讲究一点的会选择橄榄炭。无论用哪种炭，都要求陶炉的炉膛设计易于升火，炉膛不宜太浅，应进风通畅。

陶炉在使用时外表很烫，为免烫伤操作者，人们很早就给炉子外面加上了一个竹制的罩子，并将其称为竹炉，古人诗中所写的“竹炉汤沸火初红”指的就是它。

电陶炉是现代茶室的新宠，除了有传统陶炉的素朴，也有很多华美的款式，符合时代审美的需要。

复习思考题

1. 涉外礼仪的基本要求是什么？
2. 简述亚洲、欧洲、非洲、美洲、大洋洲国家的饮茶习俗。
3. 掌握常用的礼仪接待英语。
4. 接待特殊宾客时要注意什么？
5. 掌握茶叶感官审评的基本方法。
6. 掌握茶叶质量等级评定的基本指标。
7. 如何鉴别高山茶与台地茶？
8. 简述瓷器茶具、陶器茶具的款式与特点。

项目 2

茶艺服务

- 茶艺服务
  - 茶席设计
    - 茶席基础知识
    - 茶席设计类型
    - 茶席设计技巧
    - 少数民族茶俗与茶席设计
    - 茶席其他器物选配
  - 茶艺演示
    - 茶艺演示台布置
    - 茶艺服饰
    - 茶艺演示与音乐
    - 茶席主题设计与茶艺演示
    - 风味茶饮与少数民族茶饮
    - 茶艺演示的文化内涵

2.1 茶席设计

2.1.1 茶席基础知识

1. 茶席的概念

茶席这一名称最早出现在日本、韩国的茶事活动中。在中国，“茶席”一词首先出现在台湾，继之传播到大陆。现代茶席的概念一般是指为喝茶而设的席。

在茶席这个平台上，茶人以自己对茶的理解，安排茶具及其他茶艺用品，当然也是安排茶的意境。唐代的茶是在茶釜中煮的，称为煮茶或煎茶；宋元时期依然有煎茶，但饮茶的主流是点茶；从明代以后，团饼茶被废，散茶淹泡法成为主流。不同的饮茶方法，对应不同的茶席。

茶席不仅是为茶艺活动所作的准备，是茶艺演示的前提，同时也是茶艺的组成部分，贯穿茶艺的始终。具体有如下三层含义。

第一层含义，指铺在桌上或地上，用来安放茶具的布草，日本茶道称之为敷物。但在日本，敷物并非专指茶道中的茶席，所有铺在地上、桌上的东西都可称为敷物。这样的茶席可以是正方形、长方形，也可以是圆形，在我国茶艺里最常见的是长条形。长条形的茶席还有一个名称叫桌旗，是一种用在长方形桌上的装饰物。材质以布最为常见，也有用草、树枝、竹木及塑料制作而成的。

第二层含义，指饮茶时陈列茶具、茶点的平台，其含义与“酒席”相同。在这样的茶席上，可以有桌旗、桌布等敷物，也可以没敷物，将各种茶器及点心碟直接放在桌上。具体形式有桌席和地席之分，桌席又分高桌与矮桌。目前高级、中级、初级茶艺师的茶席要求就到这一层。

第三层含义，以茶、茶器等要素构成，用于泡茶饮茶并表达人的思想与情感，传递茶道之美的一种空间艺术。既然是表达思想与情感，席面上所放的物品就不止于茶器与点心，还包括插花、茶宠及各种表达茶席主题的物品。既然是空间艺术，也就不止于席面，还包括茶席所在的空间环境。这一层次的茶席，也被称为茶宴、茶会，氛围的营造是这一层次的重点。茶艺师、技师与高级技师的技能考核要求中，茶席指的就是这一层次含义。

现代茶艺的初期，茶席是以潮汕工夫茶与闽南工夫茶为基础设计的，在此基础上，台湾茶人添加了公道杯、闻香杯和茶道工具组。泡茶时与闽粤民间的方法差不多，这套茶席操作简便，在今天很多地方都使用，家庭用、商务场合也用，更是茶艺师考试的必考项目。

2. 茶席类型与主题

按席面的干湿情况来分，茶席有湿泡席和干泡席；按茶席的风格来分，有文化型茶席和生活型茶席两大类。

（1）干、湿茶席　现代茶艺最先由台湾茶人在闽粤工夫茶的基础上发展起来的，闽粤民间饮茶通常是湿泡席。福建人喜欢用方形或长方形的茶盘，广东潮汕地区喜欢用圆形的茶盘。茶壶茶杯就放在茶盘上，泡茶时茶盘上水气淋漓。

干泡席是台湾茶人在借鉴日本茶道的基础上发展起来的。顾名思义，干泡席在泡茶时茶台上是干的。由于不用茶盘，席面干爽，茶人可以设计的空间就要大很多。所以茶席设计主要是针对干泡席展开的，当然湿泡席的一些元素也都可以用在里面。

相比较而言，湿泡席方便，民俗意味更浓厚，在民间的使用较广。但茶盘上湿淋淋的让人觉得不是很干净，所以对于茶艺师的操作要求非常高，夹取茶杯的小茶夹不可以直接放在茶盘上。干泡席易于布置装饰，文艺气息浓，对于茶具的品质要求比较高，泡茶、分茶时不可以将水滴在茶席上。干湿茶席的布置不一样，泡茶方法也不一样，在闽粤工夫茶中常见的“关公巡城”的动作到了台式乌龙茶茶艺当中已经显得没有必要，到了干泡席上则根本就无法操作，因为这个动作一定会有茶水洒出来，影响干泡席的清洁美观。

（2）文化型茶席　内容比较多，各种表述经常有交叉重叠的部分，常见的有：文士茶席、宫廷茶席、禅茶席、古典茶席、艺术茶席、民俗茶席等。

古典型茶席都是以古代文化为背景进行设计的，从服装到茶器都透着古典的韵味。艺术型茶席讲究空间与席面的艺术感，茶器、服饰的搭配更讲究艺术创意；民俗型茶席更讲究茶与日常生活的关系，我国地域宽广，民族众多，民俗型茶席的素材非常丰富。茶席的风格类型是很难截然区分的，古典型茶席会有艺术性，当然也不可能没有民俗风格；在艺术型茶席中也不排斥古典与民俗的风格，它们之间只是侧重点不同而已。但这不是说茶席的使用可以很随意，必须细分客户的文化需求，如在文士茶艺中就不宜用民俗类的茶席；宫廷茶艺中不宜用民俗型的茶席，也不宜用现代风格的艺术型茶席；禅茶席要有禅的幽玄，可以与文士茶席结合，但不宜带有宫廷的豪侈风格。

茶席的主题是约请客人饮茶的理由。一般情况下，设计一个茶席都会预定一个主题，主题定下来，才能决定茶会上的用品、布局及环境布置。

1）节令性主题。中国传统的二十四节气、春季的十二花神等具有节令特点的主题。这类主题可以做成系列茶席在一年中对应的日子里推出，也可以选其中影响大的作为主题，比如春节、清明、端午、中秋、重阳、冬至等。在这样的主题里又可以分出小的主题来，比如清明可以踏青也可以祭祀；重阳可以登高也可以敬老。如此即使是同一个节令也可以做出不同的主题来。

2）文艺类主题。这类大多数与中国古代文人的趣味相关，以琴、棋、书、画、诗、曲、花等最为常用。这类主题表现的是茶文化的雅，以及文人的雅致生活。这部分茶席的设计素材最为丰富，古代的文人留下了大量关于饮茶的诗文书画作品可供参考借鉴；文人的生活方式随着各种名士的传说广为流传，在民间有极大的受众群体。

3）仿古类主题。以复原、模拟古代的饮茶氛围，体验古人的生活趣味为主旨，有两大类：一是模拟特定朝代饮茶的茶席，如仿汉茶席、仿唐茶席、仿宋茶席、仿明茶席等，二是架空时代背景的仿古茶席，参加者可以身着古典服饰，用着古典的茶器，却不对应某一具体的时代。

4）社交类主题。客来敬茶、以茶谢师、订婚下茶是我国的礼仪，所有这些场合都会出现生活茶席。生活茶席的内容非常丰富，与不同地区人们的日常生活方式有关，它包括了民俗茶席的一部分，不以表演为目的，人情味浓郁。常见主题有迎宾、协商、婚庆、升学、新书发布等。每个主题都有自己的主旋律：迎宾茶席突出的主题是温暖；协商茶席突出的主题是平等；婚庆茶席突出的主题是喜庆。

5）外国文化主题。日本茶道是我国茶人最为熟悉的。日本茶道包括末茶道与煎茶道两类。我国的消费者对日本茶道大多是抱着体验的目的去的，也有希望从日本茶道中感悟我国宋代茶文化的茶道爱好者。英式下午茶在年轻人当中受众较广，茶会上茶具、茶点及气氛都充满着西洋情调。

3. 茶席构成

一个完整的茶席包括茶器平台与茶席环境两部分。茶器平台由泡茶器、助泡茶器和装饰物3部分构成。大部分室内茶席的环境是相对固定的，在应对不同主题茶席时，会对背景作一个调整，室外环境也常用一些屏风作背景。

泡茶器包括茶台、敷物、主泡器、公道杯、品茗杯。这一类器具是茶席的基本内容，构成茶席的基本格调。

1）茶台是茶席的主要空间，大部分茶器都放在这个平台上。从形式上来说，茶台有高、中、低3个层次。高茶台可容茶艺师垂足坐，一般高度在60~80厘米，宽度在45~60厘米，长度在1.5~2米。现在很多茶艺师喜欢用大板茶台，高度与宽度差不多，长度会更长一些；中等高度的茶台，茶艺师一般盘腿坐，或者坐比较矮的凳子或蒲团；再低一些的是地席，茶器铺在地上，当然地面上会铺一层席子或榻榻米。

2）敷物是铺在茶台上用来遮挡、保护茶台，并提供茶席底色的物品。材料有布、麻、竹木、宣纸等。具体使用时，敷物可以铺一层，也可以铺两三层，视具体的设计效果而定。敷物以素色为佳，其中青灰色更易搭配茶具。一般不要使用色彩艳丽、图案复杂的敷物。如果茶台本身就很美，那么上面也可不用敷物。

3）主泡器一般用盖碗与紫砂壶，也有很多茶艺师喜欢用横把壶（亦名铫子）。横把壶只能限定一只手使用，以右手壶居多。盖碗与紫砂壶在使用时不分左右手。在主泡器的下面，一般都要放一个壶承，既可以承接泡茶时溢出的水，也起着衬托作用，使主泡器处于茶席上最显眼的位置。主泡器容量大小根据茶席招待客人多少而定。与主泡器配合使用的还有盖置，用来放杯盖或壶盖。

4）公道杯用来均匀茶汤，也称为匀杯。与公道杯配合使用的还有茶滤，但现在很多人在泡乌龙茶时不喜欢用茶滤。

5）品茗杯的选择要注意与主泡器大小协调，色调以衬托茶汤为佳。一般来说，绿茶适合青瓷，红茶和乌龙茶适合用白瓷。在使用时，一般要为品茗杯配上杯托或杯垫。也有的茶席在设计时，为每位客人准备不一样的品茗杯，这样可以避免客人错拿别人的杯子。

6）助泡器是指辅助泡茶流程的一类器具，包括水火器、标准器、贮茶器、清洁具等。

水火器中最方便的煮水器具是随手泡电水壶，但由于材质风格问题，一般在茶席设计上不用。目前大家用得比较多的是电陶炉，设计风格模仿日本风炉的比较多，也有模仿潮汕风炉的。追求复古味道的茶人多喜欢用炭炉，外形上也以日本风炉与潮汕风炉为主。小型贮水罐在茶席设计上也有使用，使用的时候需要场地有较大的空间。

标准器包括量取茶叶的茶则、计时器如沙漏等。目前的茶席设计中，茶则往往兼有赏茶荷的功能。最常见的茶则由臂搁演变而来，材质较多。与茶则配合使用的还有茶针、茶匙等。

贮茶器主要是各种类型的茶叶罐，也叫茶仓。古人认为茶宜锡，锡茶罐是最适宜的，以颜色不易变黑者为佳。实际使用时，茶叶罐材质要与茶席风格相协调，形体不宜太大，所贮茶叶以两泡为宜，通常在20克左右。

清洁具包括水盂与茶巾、茶夹。水盂用来承接废水，也称建水、水方，茶会结束时，也用来盛放茶渣。水盂容量不宜太大，色彩也不宜太鲜亮，以免影响茶席的布局平衡。茶巾是用来清洁席面的，主要功能是保持席面干爽。不宜用来清洁茶具。茶具烫洗后，一般不用手拿，要用茶夹，这样既卫生又不烫手。

7）装饰器包括花器、席镇、茶宠等。

花器是茶席上插花用的，目前的茶席设计大多是把花器放在席上的，日本茶道中花器放在一个专门的观赏区。

做地席的时候，为防止敷物卷起，四个角需要用重物压一下，这个重物就是席镇。较大的桌席有时也会用到席镇。

茶宠现在一般用来点明茶席设计的主题。

8）茶席的背景。总体来说，茶席背景不宜杂乱，光线不宜太亮，要符合茶席主题所设定的文化情境。

室内茶席，席主的位置不宜安排在房间正中，因为我国传统的住房堂屋正中是不坐人的，一般的书房茶室座位也常常不在正中。席主位置的正后方不要挂画，以免挡住宾客赏画的视线。当茶会的场地无法选择与改造时，可以用屏风来重设背景，而屏风上的图案就成为茶席的场景。

室外茶席，席主身后不宜太空，可选择山石、树木或体量合适的建筑作为背景。场景环境要安静整洁，不宜选在香气浓烈的花树丛中；不宜靠近垃圾、卫生间、饮食摊等气味杂乱、人来人往的场所。

背景的光线不宜太亮。现在很多用LED屏作背景的，看起来色彩效果好，换图也方便，便于表现茶席设计的情境，但缺点是光线太亮，使得屏前的茶艺师看起来黯然无光。

2.1.2 茶席设计类型

1. 茶席创意策划

茶席的创意与策划是根据茶事活动的需要而展开的，具体说来有两类情况：一类是生活需要，包括日常的商务接待、朋友往来；另一类是演示需要，比如各种活动上的茶艺表演。

以生活为核心的茶席创意往往都很具体。比如生日茶席，会有相应的属相元素；婚庆茶席会有相应的贺喜元素。这一类茶席的创意亮点往往来自与客人相关的生活故事，在茶席中可以引起参加者的共鸣。

以表演为目的的茶席创意是比较有难度的，想要引起观赏者的情感共鸣，必须对相关的元素有深刻的了解。比如时尚元素，不同时期的流行色彩不一样，不同时期的文化热点也不一样，加入时尚元素可以引起年轻人的共鸣。又如传统文化元素，现代流行的传统文化热潮吸引了各个年龄段的消费者，有热衷历史文化的，有喜欢琴棋书画的，更多的是喜欢传统哲学的。以这些创意点来进行茶席策划，相对来说比较容易吸引观赏者的注意力。

具体进行茶席创意策划时，前面所说的那些主题类型是经常被使用的，并且经常是多种元素杂糅成一个主题。比如极简的日式茶道与禅的主题相结合，营造一种雅致的气氛，很多白领人士喜欢这样的茶席；把节令的主题如重阳登高与汉服的元素结合起来，是现代很多年轻的汉服爱好者所喜欢的；把仿古茶席与诗词创作、朗诵结合起来，是很多古典文化爱好者所喜欢的。近些年来还有一些很有趣的创意，把古代诗文绘画中的茶艺场景复演出来，参加者都在其中扮演一个角色。当然这一类的创意需要有渊博的知识来支撑，需要更加充分的准备工作。

2. 仿唐茶席设计

最早对茶席的要求进行整理的是陆羽。《茶经·四之器》列出了茶席上的各种器具：风炉（灰承）、筥、炭挝、火筴、鍑（鍑音同“富”，一种煮茶工具）、交床、夹、纸囊、碾（拂末）、罗合、则、水方、漉水囊、瓢、竹筴、鹾簋（揭）、碗、熟盂、畚、札、涤方、滓方、巾、具列、都篮。除都篮外共 24 件茶器，都篮是所有茶器的盛器。

在《萧翼赚兰亭图》（图 2-1）中我们可以看到唐代茶席的场景。这幅画曾被认为出自唐阎立本，今多认为出自宋人之手。这幅画有两个版本，一幅藏于辽宁省博物馆，一幅藏于台北故宫博物院。为辽宁省博物馆藏品。画中的茶席由三部分构成：一是煎茶者面前一具长方形矮案，案上一个风炉，炉旁置盂，内里一柄小水勺，这个盂，便是《茶经》中举出的“熟盂”，用于出水和入水；二是右边的一个大水盆，应为贮冷水用；三是放在左边的小桌，即是《茶经》中所说的具列，上面放着两个茶盏。

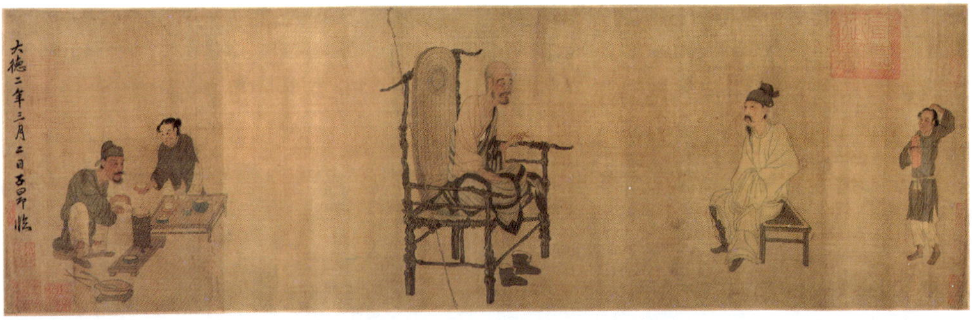

图 2-1　萧翼赚兰亭图

《唐人宫乐图》（图 2-2）中的唐代茶道则是另一种风格。《唐人宫乐图》所画的是晚唐时期宫中女眷的饮茶情形。共 12 人，围坐在一张长方大桌的四周，有人饮茶，也有人在行酒令；上方的4人，则是吹弹乐器助兴。方桌中央放置一只很大的茶釜，画幅右侧中间一名女子手执长柄茶勺，正在将茶汤分入茶盏里。每个人面前放着茶碗、饮酒用的羽觞、海棠花式点心碟。从《唐人宫乐图》可以看出，茶汤是煮好后放到桌上的，之前备茶、炙茶、碾茶、煎水、投茶、煮茶等程式应该是在另外的场所完成的；饮茶时用长柄茶勺将茶汤从茶釜盛出，舀入茶盏饮用。这样的茶席看起来更加生活化。

图 2-2　唐人宫乐图

3. 仿宋茶席设计

宋代饮茶中煎茶与点茶皆有，点茶法是最流行的。关于点茶法的茶席，从审安老人的《茶具图赞》中可以看出，书中共列十二件茶具，称为十二先生（图 2-3）：韦鸿胪（茶焙，

图 2-3　十二先生

即烘笼，用以烘焙茶饼）、木待制（茶臼，即砧椎，用以捣碎茶饼）、金法曹（茶碾，用以将捣碎的茶碾成末）、石转运（茶磨，用以将出碾的茶末磨成粉）、胡员外（茶瓢，舀水器）、罗枢密（茶罗，用以筛分茶粉）、宗从事（茶帚，用以扫集茶碾、茶磨中的残茶）、漆雕秘阁（盏托，用以承载茶盏）、陶宝文（茶盏）、汤提点（汤瓶，煮水注汤用器）、竺副帅（茶筅，用以点茶击拂）、司职方（茶巾，用以擦拭茶器具）。这十二件茶具是宋代点茶的核心茶具，在饮茶的场所基本上都会出现。相对于煎茶法，点茶有很大的游戏性。范仲淹在《和章岷从事斗茶歌》中写道："鼎磨云外首山铜，瓶携江上中泠水。黄金碾畔绿尘飞，碧玉瓯中翠涛起。斗茶味兮轻醍醐，斗茶香兮薄兰芷。"可知在点茶席上摆放着茶鼎、茶瓶、茶碾、茶瓯，当然这些东西不会在一个平面上。点茶时，茶汤表面的茶沫会产生花鸟虫鱼的图案，但这图案并不能长久，所以大家会上前围观，也就不可能安静地坐在自己的位子上了。

宋代绘画对饮茶场面的描绘很多。蔡京的《保和殿曲宴记》和《延福宫曲宴记》中记载了宋徽宗赵佶用茶宴招待大臣，且亲自动手点茶的事，但并无提及茶席布置的场景。《文会图》（图 2-4）把这个场景给补上了。《文会图》是宋徽宗的名画，画中描绘了他和大臣们一起饮茶的场景。

《文会图》中的茶席分两大部分，一是位于画的下方茶饮制作的场景，二是位于画中间的一张饮茶的大方桌。

茶饮制作部分的布置分 3 块：左边从上到下依次为镣炉、鼎鬲、茶箱，镣炉中有两把汤瓶正在煮水，一个茶童正持壶点茶，鼎鬲在这里的作用应该是盛水用的；中间是一张茶床，其功能即是《茶经》中所说的"具列"，茶床上有一个盂，用来盛点好的茶汤，一个小童左手持茶盏，正在用勺从盂中舀出茶汤，桌上还放着几个茶盏，桌边放着一个大盆，应该是收纳或盛废水用，毕竟参加茶会的人多；右边是一张方几，也作茶床用，边上站着一皂衣人（仆人），端着茶点，所以这茶床也是食床，用来放各色茶点的，茶点端光后，一个小童拿抹布在清理。这个食床旁，紧挨着有一个竹筐，倒扣一个盖子，这个筐里放的应是茶点。

图 2-4　文会图

饮茶的黑漆大茶桌上，放着六束插花，果盘中整齐地堆着各色果子，这种造型在宋代称为饾饤，一般作装饰用。饾饤与插花之间的小碟放的是各式茶点。饮茶者面前有茶盏托、点心碟、筷子和盛食物的大碗，还有给客人注汤的汤瓶。

煎茶席用的茶具与点茶不同，在宋朝是一种较为简便，却流行在隐士及行脚僧人中的茶席。煎茶席要清雅一些，饮茶场面也比较安静。

《撵茶图》（图 2-5）描绘的是宋人的煎茶席。茶席分两部分：饮茶的茶案同时也是书案，在饮茶开始之前，两位文士正在聚精会神地看和尚写字；另一部分是两位茶人在制作茶饮，一位在碾茶，一位在调茶。调茶在茶床上进行，上面放着盏托、茶碗、点心碟、盖杯、茶筅，还有一个用来调茶的大盆。虽有茶筅，却没有点茶必须要用的建盏，所以这应该是借鉴了点茶手法的煎茶。茶床旁是一个风炉，炉上是煮水的铫子。另一位茶师坐在一旁的春凳上聚精会神地碾茶。整个茶席宁静清雅，完全不同于《文会图》中的热闹。

图 2-5　撵茶图

4. 仿明清茶席设计

明代朱元璋于洪武二十四年罢造团茶，改用散茶进贡，茶叶的改变带来了饮茶方式的改变，茶席也发生了较大的变化。

明代初年，朱权在《茶谱》中所说的茶席“取烹茶之法、末茶之具，崇新改易，自成一家”，这是以宋代点茶法为基础作了新的设计，很显然这样的茶席并无宋代点茶的热闹。

陈洪绶的《停琴啜茗图》（图 2-6）清晰地描绘了明代的文人茶席。这是一个户外的茶席布置。主人坐在一张芭蕉叶上，背后靠着假山，假山的一个平台上，放着便携式小炉，上面有一个铫子正在煮水，边上放着一把泡茶的陶壶。客人的右边放着一个花瓶，瓶中插着莲花，客人坐在一块石头上，面前一块条形石，上面放着一把古琴。明清时期文人茶席几个重要元素——茶、琴、插花都有了，而饮茶已经是淹泡法，与今天的饮茶方式差不多。《煎茶七类》对茶席的环境要求是：“凉台静室，明窗曲几，僧寮道院，松风竹月，晏坐行吟，清谈把卷。”《停琴啜茗图》正是晏坐行吟、清谈把卷之时。类似的茶席场景在明代很多画作中都很常见。

清代的饮茶风格与明代差别较大，像明代那样的茶席主要出现在画作里，日常生活中的茶席经常是对古人的一些模仿。《扬州画舫录》中记载了一位饮茶的名士江增，他有一副茶担，里面放上各种茶具，称为游山具。这种茶担与南宋刘松年《斗茶图》中几乎一样，但配备更有时代特点。

扁担：是柳树木做的，用漆刷好，再写上“卧云庵”的字号，两头挑的盒子各分三层。

前头一层：放铜制茶酒器各一件。茶酒器旁放着两副火箸、两副小夹板，小夹板中夹着卧云庵五色笺，还有一本袖珍的诗韵、一方砚台、一块墨、两支毛笔。

前头中层：放了一个锡胎填漆黑光面盆，上面也刻写了庵名，一个浓金填漆掩雕漆茶盘，两方手巾，七把五色聚头的扇子。

前头下层：放了四个铜酒插，一把瓷酒壶，一个铜火函，一个铜洋罐，一把宜兴紫砂壶，一个烟盒，一个布袋，袋中装着木炭。

后头上层：放了秘色瓷盘八只。

后头中层：放了瓷饮食台盘三十只，斑竹筷八双，铜手炉一只，填漆黑光茶匙八把，果叉八把，锡茶壶一把，取火用的刀火石各一，还有一个存放火种的竹筒。

图 2-6　停琴啜茗图

后头下层：放了一只铜火锅，旁边放了四只小盘。

此外，扁担上还挂着用来盛酒的葫芦，一支紫竹箫，一支斑竹烟袋，还有一些大大小小的蒲团。

其茶器是当时江淮地区很少见，外面是一个铜制的圆筒，中间还有一个铜制的圆筒，在中间的筒里填上炭，下面有一个风门，名叫茶炊（煮茶炉）。这是我国西北地区常用的一种煮茶器具，也算是汉族传统茶艺与少数民族茶艺的一个结合。

2.1.3　茶席设计技巧

当茶席介入到文化艺术领域，并与设计挂钩之后，茶席便同其他任何艺术设计一样，需要获得灵感，需要巧妙地构思，以及最贴合的表现手法。茶席设计是时间和空间的布局的设计。时间体现在动态演示中的茶事轨迹，空间布局则是与空间环境与自然节气因素相配合。关于设计，无论是怎样的表达方式，创意、构思与实施都离不开主题的确定。

1. 以主题定风格

茶席设计应当主题先行。茶席设计的主题选择，必定要立足于茶之本性与茶文化精神之内涵。通过对茶席的设计，茶人会从中体会到茶与人与自然之间相结合的生活情趣。常用的主题如下。

1）自然、季节变化为主题：如以夏季荷花为背景要素的主题“夏荷”，以春天万物复苏为设计背景的“春意盎然”等，表现季节变化中人的生活。

2）人文节气为背景的设计主题：如以中国传统节日、节气为设计背景的主题“七夕”“夏至”等，中国的二十四节气均可作为主题来用，国外的一些节日也可以作为借鉴。

3）在意境传达上表达设计主题：如“日日是好日”“一期一会”，此类通常与禅悟有关，阐发一饮一食的平常生活中的人生哲理。

4）以茶品为主题背景设计主题：如借由某款茶的名字、制作渊源等为主题。

2. 人境营造

现代茶席设计已经不止于泡茶的台面，在较大的茶席设计中，也可有大的场景设计，或局部延伸链接主题性场景设计，此时就涉及茶境的营造。茶境营造是一种美的表达，但切忌一味追求美感，而忽略空间的实用性。明代徐渭（徐文长）在《徐文长秘集》中谈到茶境时说：“茶宜精舍、云井、竹灶、幽人雅士，寒宵夜坐，松月下、花鸟间、清白石、绿鲜苍苔，素人汲泉，红妆扫雪，船头吹火，竹里飘烟。”从这段文字中，我们可以看出古人饮茶，非常讲究其环境。这种茶境包括了人境和物境两个方面。

所谓人境是指饮茶时人数的多少和饮茶者的品行所构成的一种人文环境，包括人数与人品两个方面，这两个方面都会对饮茶的情境产生很大的影响。

（1）人数　自唐以来，饮茶时选择多少人，选择什么样的人都是非常考究的。

唐人煎茶行碗传饮，人多则显繁乱，人少又显气氛不足，故饮茶时以 5~7 人为宜，尤以 5 人为佳。较之唐代的“煎茶法”，宋代“点茶法”在饮茶时更为热闹，如果其中有斗茶活动，则更有喧闹的气氛，人数也多一些。

明清饮茶方法简便，没有唐宋的游戏性，茶艺成为小众的趣味，更强调人少。明代茶人张源在《茶录》中说：“饮茶以客少为贵，客众则喧，喧则是雅趣乏矣。独啜曰幽，二客曰胜，三四曰趣，五六曰乏，七八曰施。”对他的这段话，后人总结为三点：独品得神，对饮得趣，众饮得慧。

（2）人品　饮茶的人数多少，只是人境的一个方面。更重要的是饮茶人的品行和性情的雅俗。苏轼说的“坐客皆可人”指的是与自己气味相投的人，又说“饮非其人茶有语”，如果茶能说话，会对不适当的茶侣提出抗议，这样的表述实际是文人的一种道德追求的体现。在文人心中的茶侣往往都是些超然物外的高人，这样的人才算是“可人”。徐渭是明代著名的书画家，在他看来，一起喝茶的人应是人品高洁之士，那些蝇营狗苟的名利之徒是不配一起喝茶的。对这一问题的认识也有个发展过程，而且不同阶层、不同身份的人会有不同的认识。

对于人品的要求又有以茶养德、知己往来和饮以群分三个类型。魏晋时期士人把饮茶看作是修养品德的方法，人们认为喝茶的人就是品行高洁的人，于是好多名士在多种场合用茶来招待朋友。苏轼所说的“饮非其人茶有语”，强调的是与同好知己一起饮茶。陆羽所说的

“茶之为饮，最宜精行俭德之人”强调的是品味相近的同类人。唐代煎茶法对饮茶者的个人修养较为重视，文化层次成为区分茶侣的标准。宋代点茶法的游戏性则打破了这一标准，点茶技艺取而代之。点茶起于东汉建安时期民间，成为贡茶以后，民间的点茶法一下成为宋代的时尚了，即使是王公贵族，饮茶时所用的点茶技艺也是学自民间的，因此，点茶技艺成为人们饮茶时切磋的内容。《大观茶论》对北宋时的饮茶有一个描述：“荐绅之士，韦布之流，沐浴膏泽，熏陶德化，感以高雅相从事茗饮。”宋代的茶馆特别兴盛，而且按客人的身份及要求不同而自然区分开来。一些茶坊已成为某些行业人员聚集的地方，俨然已有欧洲 16 世纪时才出现的俱乐部的格局。

在现代茶席设计中，参加茶会的人应该按照预设的主题穿着相应的服装，按既定的程序配合茶会的进行。

3. 物境营造

物境是指茶艺活动所处的客观环境，包括自然界的阴、晴、晨、暮，山、河、林、石，也包括一些人文的如园林、器物等。物境与茶艺活动的氛围直接相关，有好环境，即使是普通的茶也会品出上好的味道来，纷乱的心情也会得以平静，没有好环境，再好的茶，再细心的准备都会让人觉得索然无味。因此，清雅的物境是进入茶艺氛围必不可少的条件。物境分为自然环境与人文环境两类，朱权在《茶谱》中说的宜于品茶的环境：“或会于泉石之间，或处于松竹之下，或对皓月清风，或坐明窗静牖”，四种环境前三者都是自然环境，最后一个是人文环境。

（1）自然环境　古代的茶人对于自然环境进行了各个方面的分析，从时间、风景到气候，自然界的一切都成了茶艺的组成部分。

一年四季，一日晨昏，都有适合茶艺的情境。元稹诗中说：“夜后邀陪明月，晨前命对朝霞。”早晨饮茶可以使人神清气爽，饮夜茶主要是僧人和一些苦读的学子，僧人坐禅，学子夜读，都需要茶来提神。

从气候上来说，雨雪天气也是品茶的好时候。唐宋时的团饼茶在饮用前有一个炙茶的过程，茶人用小竹夹夹住茶饼在小火上烤，茶饼发出嗞嗞的声音，与室外的雪景、雨声相映成趣。但晴天饮茶受到更多人的喜爱，苏东坡诗“禅窗丽午景”和陆游诗“晴窗细乳戏分茶”等都是选择晴天进行茶艺活动。

山水云林是茶艺的首选。“野泉烟火白云间，坐饮香茶爱此山。”在古代茶艺中，僧、道及隐士是最主要的角色，这些人悠游于山水之中，随身携带茶具，遇到可以歇息处就支起茶釜来煮水烹茶。茂林修竹是适合茶艺的自然环境，在这样的环境里，人可以感受到身心与自然的融合，体会心灵的宁静。

（2）人文环境　茶人们认为，茶艺应当远离人间烟火，即使是在人造的环境中也要尽量少一些烟火气，许次纾《茶疏》中提到的茶艺不宜靠近的两个地方就是“阴室”和“厨房”，而茶艺的良友是“纸帐褚衾、竹床石枕、名花琪树”。

寺院是最安静的品茶场所。除了寺院道观，书院也是个安静的品茶的地方。苏东坡的诗《试院煎茶》写道：“蟹眼已过鱼眼生，飕飕欲作松风鸣。”正是在安静的书院环境下，煮茶的人与喝茶的人才能听清煮水时的“飕飕松风”。

寺院、书院在现代茶艺中是很难得的，更多的是通过建筑和园艺的设计来营造一个安静的氛围。明代人高濂对茶寮的室内摆设做了非常精到的设计，他主张茶寮要小，最好靠着书房。茶寮内放一只茶灶用来煮水；六个茶盏，如此看来，高濂招待的客人不会超过五个人；一只茶盘，用来为客人奉茶；两只茶壶，其中一只用来盛熟水，或者用来煮水；一只茶臼，用来碾茶；拂刷净布各一；炭箱一；火钳一；火箸一；火扇一；火斗一只，用来燃烧香饼；茶橐（放茶盏的容器）两个。在高濂的设计中可以看出，明代的茶寮是一个很朴素的地方，室内没有多余的装饰品。除了炭箱、火钳等火具已不用外，现代茶寮的室内风格与明代没有太大的区别。这样的陈设在文人的茶室中常见。

音乐在营造茶馆宁静气氛时是必不可少的，一般以丝竹类为主，多是平和的曲调。闲静品茶是文人茶艺的主要特点，乐器自然也应当是文人比较喜欢的乐器。一般来说，古琴与萧更为幽静些，笛与古筝则要明快些。自陆羽《茶经》中说要在茶室中挂画之后，书画作品就成为茶室不可缺少的装饰。日本的茶室有专门悬挂字画的位置，中式茶馆则要根据茶馆的具体布局来确定字画的位置。传统风格的茶馆大都是在门厅的中心位置挂一幅中堂，在中堂的两边挂一副对联，在中堂的上方悬一匾额。如果门厅较大，也可在其正面墙上安置大幅国画，如果门厅里有柱子，可在上面悬挂楹联。现代气息较浓的茶馆可根据风格不同，来选择国画、书法、水粉画或油画，风格上也以静谧为宜，形式上选用画框较为适合。另外，一些古典风格的茶室内，一般还会摆上文房四宝、书籍和一些瓷器作装饰。一般来说，花的香气会影响到茶的香气，因此，在饮茶时如果要赏花，一定要以那些香气淡雅、色彩素净的花为宜。

室外的布置也很重要，大体上，室外的布置与茶室的风格应该一致。比如，茶室是民族风格的仿古建筑，室外可以是假山、芭蕉、松、竹、梅等。如茶室是现代风格的建筑，室外的布置就应简洁，有树、草坪就可以了。当然这两种风格里，前者更显得静谧，更有山林味。园林式的茶馆是明清直至现代最受欢迎的饮茶场所。我国的园林大多数是对自然景观的模仿，在园中叠上重重山石，或者干脆将建筑置于山林之中。

4. 心境营造

在茶境中，心境是最重要的。一个人在心情好的时候，看周围的事、物、人也都会有个比较好的印象，心情不好的时候，同样的事物却会产生相反的印象。比如，秋天来临，消极的人感受是“逢秋悲寂寥”，积极的人则会认为“秋日胜春朝”，他们看到的是“晴空一鹤排云上，便引诗情到碧霄”。在日常生活中，不可能每次饮茶都有一个好天气，不可能每次饮茶都处于园林山水之中，也不可能每次都是和知心好友一起饮茶。这些时候，要享受一杯茶，需要有相对平和的心情，过分的高兴、悲伤、愤怒，都不是品茶的心境。

茶席设计要删繁就简，以“茶”为核心。繁则乱，乱则让人心绪不宁。虽然茶有宁神的功效，但未饮茶时，人的心情就被繁杂的陈设破坏了。茶的味道很丰富，有苦、涩、甘、酸、辛；水的味道很清淡，但也有甘、寒、淡的区别，煮沸的水与未沸的水不同，煮老的水与煮嫩的水不同，这些味道需要静下心来才能品尝得出来。因此，同样的一盏茶，在不同的人品来，味道是不一样的。

平常心是茶艺中最重要的，有平常心才能真正做到心静，才能真正品出茶与茶艺的滋味。要做到平常心，在茶席设计时应该不以难得之货为贵，不炫耀珍贵的茶具与茶叶，不炫耀奇特的空间设计。茶汤泡得是否好喝、泡茶的方法是否合理、使用的茶具是否清洁并符合泡茶所需等才是茶席的设计核心。香、花、挂轴等这些辅助元素摆放的位置，更不能抢占了“茶”的主体地位。所以茶席上的物品不可堆砌，以免喧宾夺主。好的茶席，是使人一靠近，就能体会到“茶”的意味。茶具的安排要适合所选茶种，不影响欣赏茶汤的色香味形。茶席上的设置在冲泡时不可影响茶艺师的动作，也不会分散客人的注意力，使主客都专注于一杯好茶。

不论是茶席为冲泡绝佳茶汤供人品饮而设计，还是为满足人们的视觉美感而设计，其根本目的都是为了满足人或物质或精神的美的享受为目的。

茶艺上的亲自冲泡是静心的方法，因此，在茶席设计中，尽可能少用过于现代的、自动的设备，取茶、润茶、煮水的过程也都应在茶席设计中有所体现，甚至张挂茶画、插花、焚香这样的事情也可以作为茶会的一个流程来做。

2.1.4 少数民族茶俗与茶席设计

少数民族饮茶不同于汉族，不同之处体现在茶品选择、饮茶方式、文化习俗等方面。所以少数民族茶席的设计者要遵循少数民族习俗文化，并体现和突出少数民族茶席的特色要点。

1. 藏族酥油茶茶席

藏族主要分布在我国西藏，在云南、四川、青海、甘肃等省的部分地区也有分布。他们以放牧或种旱地作物为生，当地蔬菜瓜果很少，常年以奶、肉、糌粑为主食。其腥肉之食，非茶不消；青稞之热，非茶不解。茶成了当地人们补充营养的主要来源，喝酥油茶同吃饭一样重要。

酥油茶的茶具有打茶筒、茶碗、煮茶壶或锅、茶壶、配料盘。

1）打茶筒，藏族酥油茶的必备用具，由桶筒和搅拌器两部分组成。桶筒叫“甲董”，搅拌器叫“甲罗”。酥油桶的制作十分讲究，桶部用木板围成，上下口径一般大，外围用铜皮箍，上下两端用铜做花边，可以打出各种花纹，精美大方。做酥油桶的木料，一般用红松，这种木料无节，尤其是雅鲁藏布江中下游一带的红松，更是做酥油桶的好材料。西藏的墨脱等地盛产粗大的茅竹，人们锯上一节，用作桶筒，更为省事。

2）茶碗，藏族人喜爱用木碗和瓷碗。木碗一般会选用质地坚硬的桦树、桐树或桑树制作，用树瘤做的碗是上乘的。木碗是个人使用的，一般不拿给客人用。一家人中，父亲用的木碗要用银子包里面和碗底，有的人家还用银质雕花高脚碗托，显示父亲的威严。招待客人用的茶碗一般是瓷碗，特别喜欢使用内地景德镇的瓷碗，大部分地区喜欢使用绘有龙图案和八瑞图的广口碗；而西藏的中心地区，即拉萨、山南、日喀则地区的人们则喜欢小巧且造型别致的茶碗，尤其喜欢带把儿的茶碗，用来喝甜茶很优雅。八瑞图上有金轮、双鱼、右旋海螺、妙莲、宝伞、法幢、宝瓶、吉祥结，是藏传佛教常用的八个瑞祥图案，也是人们喜爱的吉祥图案。

3）煮茶水可以用铜壶、铝壶，也可以用锅。用于表演的茶席上，所用的壶或锅都不宜太大。

4）茶叶罐。酥油茶所用的是砖茶，用于表演时，现场撬茶不方便，所以需要事先撬好，放于茶叶罐内。也可以用一个盘子来盛放。

5）茶壶用来盛煮好的酥油茶茶汤，多用铜茶壶。

酥油茶茶席在布置时，为突显民族风格，也为了便于操作，打茶筒、煮茶锅都应置于地上，配料盘与点心盘可安放在桌案上。茶具排列时按操作方便的顺序摆放。地上可铺一张藏族风格的地毯，茶艺师与助泡也应着藏族服饰。

2. 蒙古族的咸奶茶茶席

蒙古族奶茶风味独特，奶香浓郁。每日清晨，主妇的第一件事就是先煮一锅咸奶茶，供全家全天享用。蒙古族喜欢喝热茶，早上，他们一边喝茶，一边吃炒米，将剩余的茶放在微火上暖着，以便随时取饮。通常一家人只在晚上放牧回家才正式用餐一次，但早、中、晚三次喝咸奶茶，是不可缺少的。蒙古族牧人所创造的茶文化不仅体现在奶茶的制作中，更体现在其独特的茶具上，茶具主要有以下几种。

1）茶壶，多为铜制，造型别致。多数为圆形或椭圆形，外表锃光发亮，结实耐用，茶壶亦有银制的。

2）茶碗，蒙古族最早是用树皮当碗，后来发展到用木碗。也有用桦木制成的，然后镶银，外面刻有传统的花纹，是富有人家常用的饮茶茶具。现在多用景德镇烧制的“龙碗”，即印有龙形花纹的细瓷碗。

3）蒙古族传统铜锅奶茶放置在方桌前，奶茶锅左面的方桌上摆放制作奶茶的原料。原料有普洱茶、牛奶、黄油、牛肉干、奶豆腐、食盐等。

场景为蒙古包室内场景，地毯上摆放蒙古族红方桌，招待客人用的奶食茶点放在中间，还有牛肉干、奶制品等给客人享用。茶艺师穿着蒙古族的服装。

3. 侗族、瑶族的打油茶茶席

侗族、瑶族主要居住在云南、贵州、湖南、广西一带，他们经常用打油茶来招待客人。打油茶是他们的日常饮品。打油茶用料通常有花生米、阴米花、黄豆、芝麻、糯粑、笋干等，茶叶则选用专门烘炒的末茶或刚从茶树上采下的幼嫩新梢。茶叶在锅中加油炒香，再加芝麻和盐炒几下，然后加水煮 3~5 分钟。煮好的油茶香咸鲜爽，充饥解渴。茶具主要有以下几种。

1）油茶锅。是一种单柄有嘴的铁锅，锅柄空心，中间插一根木柄，与唐代人所用的煮茶铫子相似。

2）7 字形木棰。形状像阿拉伯数字 7，在炒茶与配料时用来锤碎各种配料并榨出茶汁。

3）竹滤。竹编而成，形状似瓢，用来过滤煮好的油茶。

4）茶碗。表演时可配大号的茶碗，日常饮用可配小号的饭碗。

5）配料盘。用来盛放各种配料。

6）小茶案。用来摆放茶碗、配料盘等。

7）大号水盂。用来盛放废水。

8）风炉。用来生火煮水。

9）水壶。用来盛煮茶用的水，为减少表演时额外的时间，壶中可以盛放事先烧开的水。

如果安排一个正方形茶席，可将水壶放在茶艺师的右手后方，将煮茶的油茶锅与炉子安放在右前方。油茶锅的右侧安排水盂，方便倾倒废水；右端安排小茶案，木棰、竹滤、配料盘及茶碗都放在小茶案上。茶碗与配料碟以西南地区的土陶器为宜，用瓷碗瓷碟也可。茶艺师宜穿着侗族、瑶族的服装。

4. 土家族的擂茶茶席

擂茶，又名三生汤，是用生叶（指从茶树采下的新鲜茶叶）、生姜和生米仁等三种生原料经混合研碎加水烹煮而成的汤，是湖南、湖北、四川、贵州的武陵山区一带土家族的风俗茶饮，广东、福建部分地区也有饮擂茶的习俗。相传擂茶起源于汉末三国时，张飞行军至武陵，军队中很多人染上疫病，当地人献上擂茶配方，结果茶到病除。这个传说正说明了当地人以茶为药的日常生活。

今天在制作擂茶时，通常用的原料除茶叶外，再配上炒熟的花生、芝麻、阴米花等七种配料，还要加生姜、盐来调味。将茶和各种配料、盐、姜等一起放入特制的擂钵内，用硬木擂棍用力旋转，使各种原料相互混合，再取出一一倾入碗中，用沸水冲泡即调成擂茶。也可以擂后直接在擂钵中用沸水冲调。在喝擂茶的同时，还必须设有几碟茶点。茶点以清淡、香脆食品为主，诸如花生、瓜子、米花糖、炸鱼片之类。擂茶所用茶具如下：

1）擂棍和擂钵。擂棍是一根粗的樟树、楠树、枫树、茶树等制作的木棍，长 2~4 尺（66~133 厘米）；擂钵乃内壁布满辐射状沟纹而形成细牙的特制陶盆，有大有小，呈倒圆台状。

2）茶碗 3 个。表演时可配大号的茶碗，日常饮用可配小号的饭碗。

3）汤匙 3 个。给客人用来搅匀茶碗中的茶汤。

4）捞子 1 个。用来捞去擂茶中的茶渣。

5）茶勺 1 个。用来往茶碗里分舀调好的茶汤。

6）小点心碟 5 个。用来盛放各种配料。

7）方形小茶案。用来摆放茶碗、点心碟等。

8）竹茶席 1 张。铺在桌上。

9）奉茶盘 1 个。用来为客人奉上调好的擂茶。

10）茶巾 1 块，用来清洁制茶过程中滴下来的茶水。

11）大号水盂。用来盛放废水。

12）风炉和水壶。用来煮泡茶用的水，为减少表演时额外的时间，壶中可以盛放事先烧开的水。

茶席上用具在摆放时，按使用的先后顺序安排，可以从左往右，也可以从右往左。茶艺师穿着相应的民族服饰。

5. 白族的三道茶茶席

三道茶在我国很多地方都有，其中以白族的三道茶最为著名。白族人在逢年过节、生辰寿诞、男婚女嫁、拜师学艺等喜庆日子里，都会以一苦、二甜、三回味的三道茶款待亲朋好友，寓意人生先苦后甜再回味。所用茶具如下：

1）小砂罐。三道茶在煮的时候，都需要用到一个小砂罐。第一道苦茶，需要将一只砂罐先放在文火上烤热，然后再放入茶叶不停晃动，待罐内茶叶“啪啪”作响，发出焦糖香时，立即注入已经烧沸的开水。第二道甜茶，主人重新用小砂罐置茶、烤茶、煮茶。第三道回味茶，煮茶方法与前两道相同，只是原料已换成适量蜂蜜、少许炒米花、若干粒花椒、一撮核桃仁。

2）茶碗。通常用瓷碗，三次上茶所用的茶碗不一样大，依次由大到小。

3）煮水壶。通常用提梁陶壶，简易的也可用随手泡。

4）茶巾，用来擦拭茶桌上的茶水。

5）木质茶道组。不需要像工夫茶一样摆上六君子，有茶则与茶匙就够了。

6）托盘。用来奉茶，木托盘或竹托盘都可以。

2.1.5　茶席其他器物选配

茶席上除了泡茶所需要的茶器以外，还有用来点题、装饰或供客人赏玩的器物，这些器物各自的功能不同。

1. 装饰性器物

（1）花器　花器是茶席常见的装饰物，形式有花篮、花瓶、盆栽等，风格有中式、日式、欧式等，要根据茶席的风格来选择。花器的选择要大小适宜，与茶席的大小相配。另外，招待型茶席上的花器不宜太大，以免影响客人喝茶；表演型茶席上的花器放置的位置不一定与茶具在同一平面，需要注重其装饰性，所以花器可以选择大一些的。

（2）席镇　古人席地而坐时用来压席子的，现在布置茶席时将其放在四个角上用来压住茶席，以免茶艺活动中茶席被风刮起，或被客人不小心带动。席镇可以用一些仿古的器物，简单的可用一些好看的石头，精美的可以用水晶、玉器。席镇也是根据茶席的风格来选择的，如果茶席不大，茶具本身就可以压住茶席，席镇就可以省略了。

（3）小篱笆　在茶席上，小篱笆有两个用途，一是用来遮挡茶席上不太美观的部分，因为在选择茶器时，并不是每次都能尽善尽美，小篱笆可备不时之需；二是用来分隔茶席，茶席在安排时会分为几个区，小篱笆的存在可以使这些区域看起来更清晰。

2. 点题类器物

（1）文士风格的茶席　可以放一些折扇、线装书等。折扇有大有小，太小的折扇是女士用的掩口扇，不适合放在这类茶席上。线装书使茶席看起来更有古典韵味。具体在用的时候，招待型茶席上，因为客人坐在桌边，所以线装书的名称与内容具有点题的作用，需要精心挑选与主题相配的书；表演型茶席，客人离席较远，看不到线装书的内容，有形式就可以了。

（2）赏玩类器物　可以与主题有关，也可以与主题无关，放在茶席上用来观赏。这类器物也经常与茶席上的一些小物件合而为一。比如茶盏、茶壶、杯托等，既是茶器，也是赏玩的对象。在日本茶道流程中，就专门有赏器的环节。

（3）珠宝品鉴之类的茶席　可以用一些珠宝作为装饰，使客人对茶席的主题一目了然。

（4）民俗风格的茶席　用来点题的是相应民族、民俗的有符号性标志的器物。比如江南风格的茶席上，可以用一些小油纸伞来装饰；藏族风格的茶席放上一件打茶筒，民族风格一目了然。

（5）茶挂　茶挂适合大部分茶席，茶挂的内容就是茶席的主题。在室内，茶挂通常要挂在茶席的后方或侧面，如果是在室外，也可挂在茶桌的边上，参加茶会的人可以很清楚地了解主题。

2.2 茶艺演示

2.2.1 茶艺演示台布置

1. 茶席布局原则

（1）方便原则　茶席是用来制作茶饮、招待客人饮茶的场所，茶席上各种茶器在摆放时以方便使用为第一原则。这是茶席设计不同于茶具店里的商业展示的地方。在摆放茶具时，常用的茶具靠茶艺师要近一些，只用一次的茶具放远一点，装饰物在席上不可影响泡茶和饮茶。席上需要用的茶器均放在茶艺师伸手可及的地方。

（2）适用原则　茶器琳琅满目、种类繁多，但可以放在茶席上的并不多。设计茶席时，席上的茶具以适用为佳。过于贵重的金银茶器或名家茶器会影响客人饮茶时的判断，茶艺师也可能因为担心损坏茶器而紧张。过多的装饰品在茶席上也会分散客人的注意力，并且使茶席显得杂乱拥挤。

（3）美观原则　茶席审美是多元的，有人喜欢禅意的极简，也有人喜欢富丽堂皇，有人喜欢书卷气，也有人喜欢乡土风格，不过还是有一些规律可循的。美观的茶席颜色不杂乱，通常采用顺色的配色方法，禅意茶席多用冷色调，民俗茶席多用暖色调，席面的颜色在3种左右，敷物上没有俗艳的大花。茶器的大小比例不夸张，也没有怪异夸张的造型。

（4）平衡原则　茶席上的茶器摆放要平衡，要使茶艺师在泡茶的时候双手都能动起来。在摆放茶器的时候，煮水壶放在右边的称为右手席，放在左边的称为左手席。有很多茶艺师为了表现茶艺过程的严谨、专注，常会采用左手席，因为左手不如右手灵活，在操作时会显得专注认真。

（5）安全原则　茶席的布局形式有多种，在具体场合中还会有各种变通。但无论是哪种布局，都不可妨碍客人的行动。比如桌上的敷物不宜挂在客人的面前，否则当客人起坐的时候很可能会碰到；杯托与品茗杯要方便客人端起；采用传杯方式行茶时，要注意匀杯不可烫手；正常情况下，座位安排不可太挤，以免客人的行动互相影响。

2. 茶席布局类型

长条桌茶席布局（图2-7）以左右对称最为常见，泡茶的壶、品茗杯放在正中，水盂、煮水壶、花器等平衡放在两边。这样的布局一般适合五六人的茶席，茶艺师一个人可以照顾到每位客人，每位客人的品茗杯都由茶艺师亲自奉出。

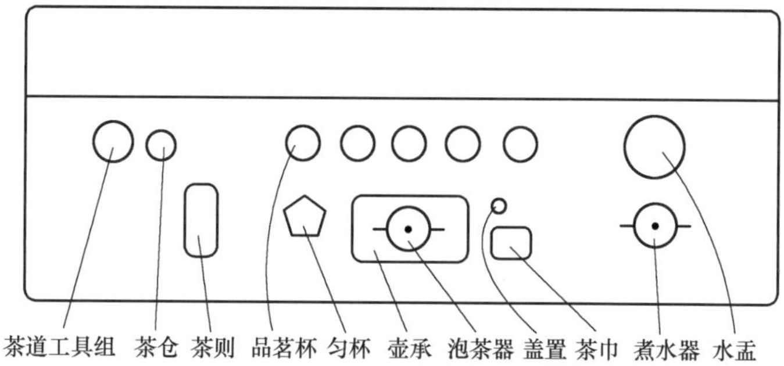

图2-7　长条桌茶席布局

当茶席上的客人比较多，茶艺师无法照顾到每位客人时，那么在行茶时通常采用传杯的方式，泡茶席设在桌子的一端，客人坐长桌的两边，桌子中间可以摆放茶点和插花来装饰。行茶时，泡茶席上用多个匀杯，泡茶器也可以选大号的，将茶分入匀杯，交由客人自己斟茶，斟好后将匀杯传给下一位客人。由于客人较多，这样的茶席除茶艺师外，一般要有一位助手，处理茶艺服务中的一些临时事务，比如添加点心、更换品茗杯、清理茶渣废水等。传杯形式的茶席布局如图2-8所示。

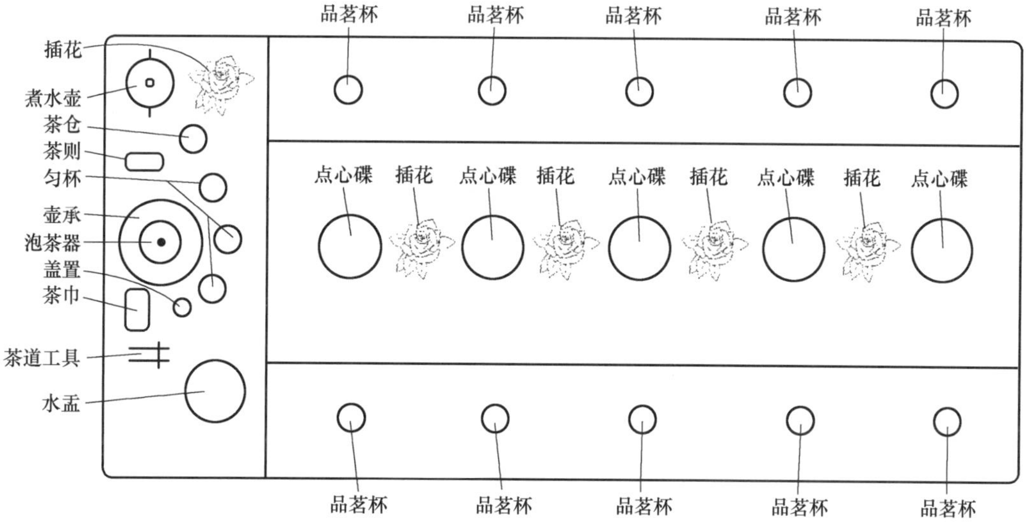

图2-8　传杯形式的茶席布局

相比长方形茶席，在正方形茶席中，茶艺师与客人的距离要近些，桌面上留给茶艺师布席的空间也更小，因此，茶具的安排要简洁些。在布席时，最常用的是“回”形席与“由”形席。方桌一般以八仙桌最为常用，最多可招待 6 人。当人数为 6 人时，通常采用回形席，由于席面空间限制，煮水器通常不放在桌上。茶艺师距离对面的客人比较远，行茶时，茶艺师可以站起奉茶，也可以传杯行茶。图 2-9 所示是方桌“回”形席，茶席已经满员。泡茶的各种工具不要放到离客人太近的地方，不宜用桌布把桌子满铺，以免妨碍客人起坐。煮茶器放左边还是右边均可，依场地条件而定。

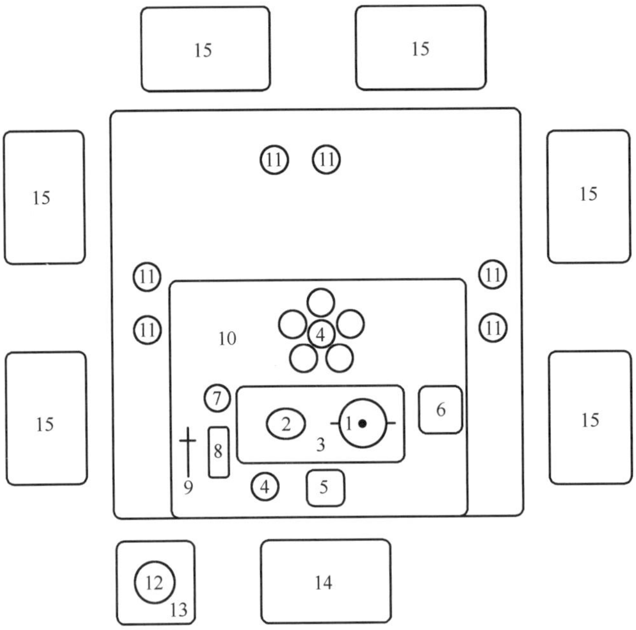

图 2-9　方桌“回”形席

1—泡茶器　2—匀杯　3—壶承　4—品茗杯　5—茶巾　6—水盂　7—小茶仓　8—茶则　9—茶针
10—敷物　11—点心碟　12—煮水器　13—炉座　14—茶艺师座　15—客座

人数较少时，八仙桌的茶席可以摆成方桌“由”形席，如图 2-10 所示。因为客少，桌面上的空间大，就可以用插花装饰一下。茶具的摆放与长方形桌席并无大的差别。由于方桌茶席茶艺师与对面的客人之间距离较远，因此也可以把茶杯摆成圆弧形，以茶艺师行茶时能够到为度。此外，潮汕的圆形茶盘也非常适合这样的桌面。

圆形桌席在使用中比较少见，在布局时比长方形与正方形的茶席更难一些，因为敷物大多是长条形或正方形的，放在圆形的茶桌上不是很协调。在这样的场合，可以选择圆形的敷物。圆形桌席的布局常摆成团凤席与葵花席。团凤席（见图 2-11）的图案与我国古代圆形凤凰的图案相似。团凤席用两块大小与色彩均不同的圆形敷物装饰桌面。葵花席（见图 2-12）与向日葵的结构相似，以潮汕地区常见的圆形贮水茶盘为中心，应用更为简便，是日常生活茶席所常用的。

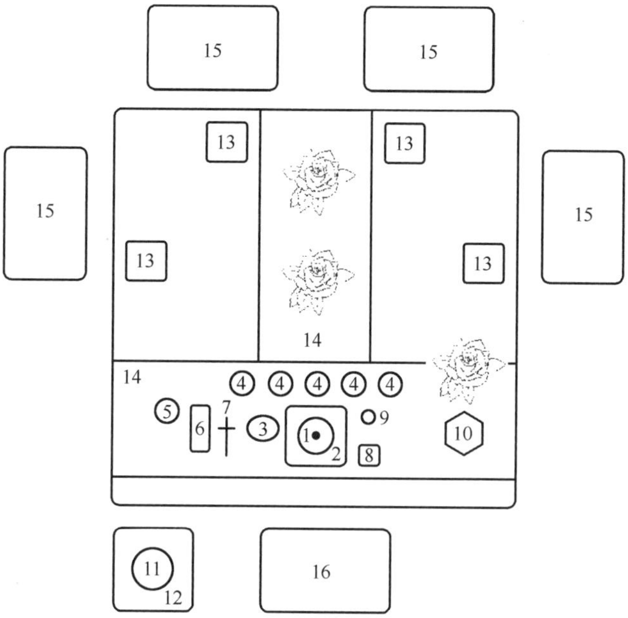

图 2-10　方桌“由”形席

1—泡茶器　2—壶承　3—匀杯　4—品茗杯　5—小茶仓　6—茶则　7—茶针　8—茶巾　9—盖置
10—水盂　11—煮水器　12—炉座　13—点心碟　14—敷物　15—客座　16—茶艺师座

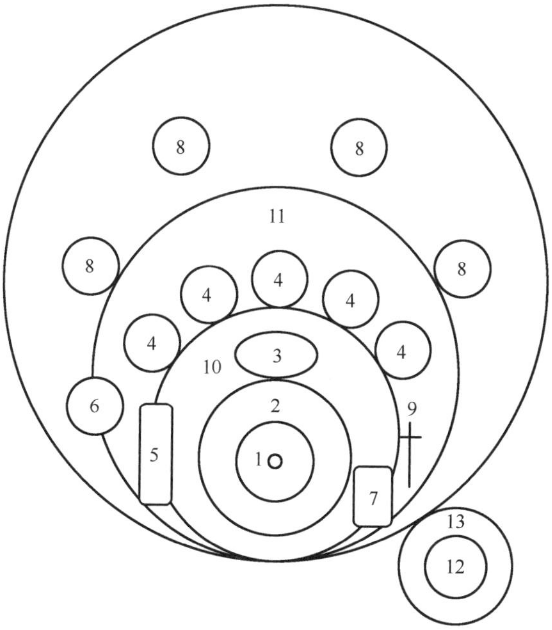

图 2-11　团凤席

1—泡茶器　2—贮水壶承　3—匀杯　4—品茗杯　5—茶则　6—小茶仓　7—茶巾　8—点心碟　9—茶针
10—圆形敷物（小）　11—圆形敷物（大）　12—煮水壶　13—炉座

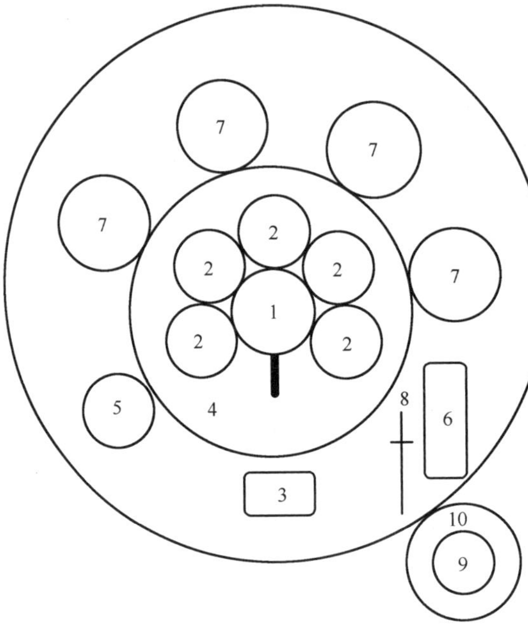

图 2-12　葵花席

1—泡茶器　2—品茗杯　3—茶巾　4—贮水茶盘　5—小茶仓　6—茶则　7—点心碟

8—茶针　9—煮水壶　10—炉座

地席是日本茶道与韩国茶礼中常见的。近年来我国有一大批汉唐文化爱好者又推动了地席的普及。在应用上，地席一般用于室内，也可以用于室外，省掉了桌凳，席面更宽了一些。但为了饮茶的气氛，席面也不宜过宽，以 1 米以内为宜。在铺设地席时，并不是把所有茶具都直接放在敷物上，常常会用一些茶床小几来增加地席的层次感。图 2-13 所示的方形地席更适合室内，如在室外用，可在两个茶床的外侧加小屏风作界。

图 2-14 所示的扇形地席比较适合室外，茶艺师的身后有门、墙、石壁最好。扇形席中，茶艺师与每位客人的距离一样近，更便于照顾到每位客人。因为在室外，茶席上要预备炭篮，准备多次给炉中添炭。室外有风，席镇也是必备的。茶点碟可先放在盒中，等客人座与茶点一起奉上，以免落灰。所有品茗杯必须倒扣着。所有客人可仿照日式茶会自带怀纸，也可在入席之前发给大家。

除了上面示例的几种地席，还有无我茶会中的极简地席。也可以把前面的桌席直接挪到地面上来用，但是桌席是垂足坐的，人与茶具之间的距离较近，地席是盘腿坐或跪坐，人与茶具之间的距离要远一些。因此，桌席改地席使用时，要反复调试距离。

3. 茶席插花与熏香

花入茶事，起源于宋代。唐代李商隐把“对花饮茶”当成一件煞风景的事，但宋代人生活以“焚香、挂画、点茶、插花”为四般闲事，应该是历史上第一次把茶道与插花联系在一起。既然是闲事，史书中当然不会写一笔，但在文人笔记及绘画资料中还是可以见到的。

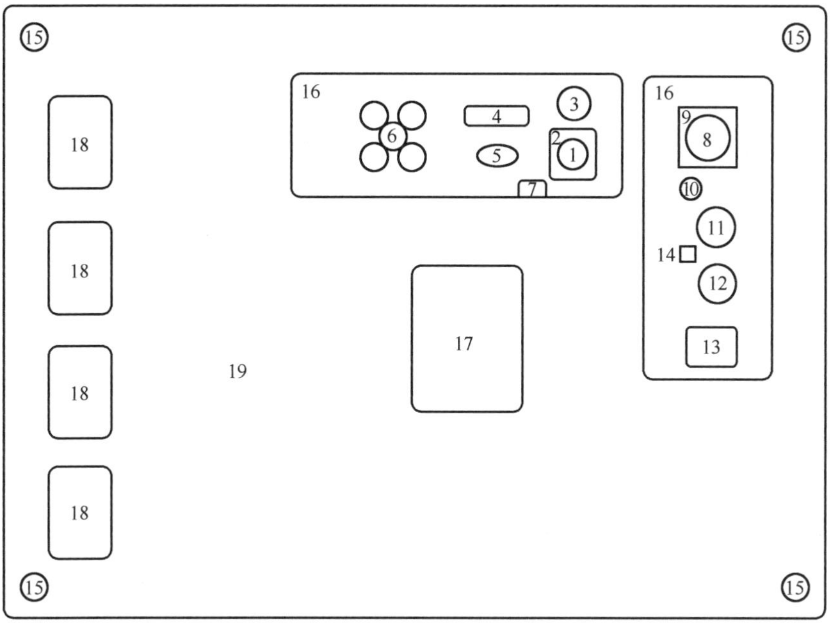

图 2-13 方形地席

1—泡茶器 2—壶承 3—小茶仓 4—茶则 5—匀杯 6—品茗杯 7—茶巾 8—煮水器 9—炉座 10—盖置 11—水注 12—水盂 13—茶点盒 14—纸巾盒 15—席镇 16—茶床 17—茶艺师座 18—客座 19—敷物

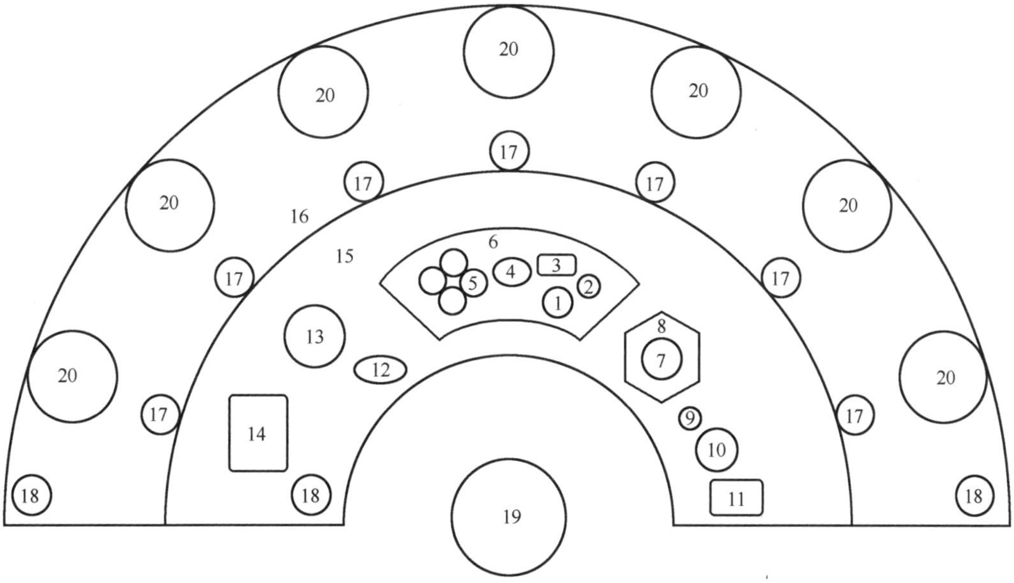

图 2-14 扇形地席

1—泡茶器 2—小茶仓 3—茶则 4—匀杯 5—重叠倒扣的品茗杯 6—扇形茶床 7—煮水器 8—炉座 9—盖置 10—水注 11—炭篮 12—杯托 13—水盂 14—点心盒 15—敷物（小） 16—敷物（大） 17—茶点碟 18—席镇 19—茶艺师座 20—客座

宋徽宗《文会图》的主体部分，大茶案上的茶具、果品中间还有六盆花，插在类似于茶盏托的盘中。

明清是中国古代插花艺术的成熟时期，出现了专门研究插花的著作，如袁宏道的《瓶史》、张谦德的《瓶花谱》等，开始把花道与茶道联系在一起。

日本的花道起源于我国隋朝的佛前供花，在其发展过程中一直受到我国插花理念的影响。最早日本流行的是立花，与《文会图》中的花差不多。日本古代茶人往往也是花道高手，他们把花道引入茶室，成为别具一格的茶道插花。

现代茶艺中的插花既有传统的中式插花，也有日式插花，在使用的时候只要能符合茶席主题就可以，大致有以下几点是必须注意的。

1）鸟语花香的室外环境，不宜插花。因为自然生长的花木意态相比于插在瓶中的瘦弱枝条来说，气场太强大了。

2）不宜插香艳的花。茶有真香，茶道清雅。香艳的花插在茶室里不仅与整个气氛格格不入，而且花香也会乱了茶香。一般来说，“梅兰竹菊”四君子、荷花、梨花等比较符合文人的趣味。

3）花器一般不宜放在茶案上，应该放在主泡身后的墙壁前，或者放在茶室挂面的前面。茶道插花一般是单面花，只可以从正面观赏；插花的效果往往需要背景的衬托。放在茶案上的插花不能让每位品茶的人都欣赏到最美的一面，同时少了背景效果。另外，较大的插花还会影响茶人与客人的动作。

4）插花宜简不宜繁，宜少不宜多，宜小不宜大。我国文人有赏枝的传统，一截枯松，很符合现代很多茶人对禅意的想象。明清绘画中经常表现的竹石图也很适合借鉴。

5）花下不焚香。焚香会影响花与茶的气味。茶室焚香要有选择。对于绿茶一类的清香味茶叶来说，焚香无疑会影响到人们对茶香的欣赏。同样的原因，在饮用花果香型的乌龙茶如凤凰单丛、铁观音、冻顶乌龙等品种时也是不宜焚香的。对于香气不明显的如熟普、安化黑茶、六堡茶、岩茶之类的茶，焚香不太会影响茶香，甚至会与茶香相得益彰。具体的香型也有讲究，气温炎热的季节，比较适合一些清凉的香型，气温较低的季节，比较适合一些温暖的香型。无论用哪一种香，室内都不能有呛人的感觉。

4. 茶席挂画

茶室中挂的字画称为茶挂。茶室里挂书画始于陆羽，他在《茶经》中要求把《茶经》内容写在布上，挂于茶室中。到宋代，挂画流行，当时稍好点的茶肆都会挂上些字画。茶挂的内容不一定与茶有关，但一定与饮茶的心境有关，是带领饮茶人进入茶境的引子。

这种茶境，自唐代赵州（今河北赵县）从谂禅师后，往往也表现为一种禅境。从谂禅师在堂，游学僧甲来访，师问：“曾来过这里吗?”僧甲答：“不曾。”师云：“吃茶去。”游学僧乙来访，师问：“曾来过这里吗?”僧乙答：“来过。”师云：“吃茶去。”旁边院主不解：“为何来过没来过的都吃茶去?”师云：“你也吃茶去。”从此“吃茶去”挂在了多少茶室里，招来了多少饮茶人。

比“吃茶去”更火的是“禅茶一味”或“茶禅一味”。“禅茶一味”很显然是对“吃茶去”的解读，最初说出这四个字的是北宋末的高僧圆悟克勤。

很多内容如一些成语、诗词名句，或者是一些野语村言，只要是意趣，都可作为茶挂。书写也不必书法名家，初习书法的孩童都可以。

茶挂通常是用来点明茶席主题的，所以，茶室的挂画并不是一成不变的，而是根据茶席的时间、地点、服务对象而改变的。

在茶席布置中，茶挂不宜挂在茶艺师的正后方，因为挂在正后方要么会影响人们欣赏茶挂，要么会影响人们欣赏茶艺师的泡茶过程。悬挂的位置在茶艺师的左侧或右侧都可以，与茶席的整体布置要有平衡感。

2.2.2　茶艺服饰

1. 茶艺服饰与茶文化活动

1）茶艺服饰是指茶事活动中专门使用的服饰，包括茶艺表演的专门服饰、参加茶事活动的专用服装和居家饮茶时的服装。茶艺服饰是茶文化理念的物质化表现和延伸。在茶事活动中，通过选择适当的服饰，能够体现茶文化的内涵和茶事活动的特点。不同场合穿着的茶艺服饰，其功能和特色也各有不同。如家居饮茶服，以休闲舒适，方便操作为主；参加茶事活动的服装则要突出穿着者的个性与品位，并根据参加的活动不同，选择时尚或庄重或专门的服饰，如旗袍、汉服、唐装等；而茶艺表演的服装则要根据茶艺的主题设计和表现元素专门进行设计，并具备一定的舞台表演效果。

明确记载茶艺服饰的书出现在茶艺形成的唐代。据唐代封演《封氏闻见记》记载：常伯熊为李季卿演示茶艺时，“著黄被衫、乌纱帽”，与之对照的陆羽进行茶艺表演时是“身衣野服”，因而受到了李季卿的鄙视。其后的各个时期的茶画中，也都能看出茶人们的穿着与平常服饰有不同。

现代茶艺服饰的发展主要分为三个阶段：第一阶段主要是旗袍，或者是蓝印花布衫，与日常生活中的传统服饰较为接近；第二阶段以“仿古”为基调，随着前些年“汉服”的流行，茶艺服饰也走上了“仿古”道路；第三阶段是近年来出现的茶服，吸收了汉服、旗袍、道袍和僧袍的一些元素，宽松惬意，非常适合茶艺活动的氛围。

2）不同的时期，茶艺服饰有不同的特点，直到现在，茶艺服饰还在发展变化之中，大概有以下几个趋势。

① 多元化的发展趋势。茶艺服饰发展到现在，除了表演服饰，不同风格、不同质地、不同样式的茶艺服装都在发展。特别是家居茶服和活动茶服，受到越来越多的人的喜爱。而表演型的茶服也随着茶艺表演主题的丰富性、茶席设计的多样性，呈现出多种多样的类型和样式。并且，茶艺服饰的用料大多为棉布、亚麻等更健康的天然质地，能够带来返璞归真的感受，服饰的设计由大众化朝着个性化的趋势发展。

② 生态化发展趋势。生态服装又称为环保服装和绿色服装，它是以保护人类身体健康，使其免受伤害为目的，并有无毒、安全的优点，在使用和穿着时，给人以舒适、松弛、回归自然、消除疲劳、心情舒畅等感觉的纺织品。茶服是当之无愧的生态服装的代表。

传统和时尚的碰撞，可以古典、可以现代，也可以东西方文化相融合。因此，茶文化是最能代表时尚特征的主要元素之一。

由于茶文化的历史渊源与华夏传统服装服饰的历史相合，在茶艺演绎中，表演者的服饰至关重要，主要表现为两个方面：一是服装的传统文化底蕴；二是服装与茶、茶道、茶境相融合，这些都需要专业的设计。茶服的艺术性主要表现为视觉形态美和茶服文化美。一款优秀的茶服，应具备意境与功能、古雅与时尚，与茶艺之美浑然一体，且能体验到中华服饰文化和茶文化的无穷魅力。

2. 茶艺服饰的总体要求

茶艺服饰并不是单一的服装选择，而是从茶艺表演出发的整体选择。因此，茶艺服饰的选定，应该遵循如下几点基本要求。

1）茶艺服饰与茶艺表演主题的一致性。服饰可以反映出着装人的性格与审美趣味，并会影响茶艺表演的效果。茶艺表演中的服饰，首先要和茶艺表演主题一致，其次才是式样、做工、质地和色泽。总的原则是要体现所表演茶艺的风格：素雅、美观、大方、富有民族特色。

2）茶艺服饰与茶艺仪容的协调。茶艺表演者的衣着和仪容都要讲究，不可浓妆艳抹。头发长者最好梳好束到后面，不要让长发垂下来。发型不能与所表演的内容相冲突。发型设计必须结合茶艺内容、着装款式，以及表演者的年龄、身材、脸型、发质等要素，尽可能达到整体的和谐美。

3）茶艺服饰与茶艺内容的和谐性。服饰应与所要表演的茶艺内容相配套，宫廷茶艺有宫廷茶艺的服饰，民俗茶艺有民俗茶艺的服饰。即使同为宫廷茶艺，还要注意服饰的时代性。如果唐代宫廷茶艺穿明清服饰，就会“穿帮”。同为民俗茶艺，还要注意不同地区服饰的特色。南北不同，东西各异，否则会不伦不类。就一般的茶艺而言，表演者宜穿着具有民族特色的服饰，而不宜“西化"，不能珠光宝气，身上的配件越少越好。

4）茶艺服饰与装饰细节的适度性。在正式的表演场合，表演者不可戴手表，不宜佩戴过多的装饰品，不可涂抹有香味的化妆品，不可涂有色指甲油。如果有条件，女性表演者戴一个玉镯能平添不少风韵。着西装的男士，领带要打好、别实，在需要脱鞋子的场所最好另外穿上一双新的干净的袜子。

3. 茶艺表演服饰的选配

选配的服饰应和茶艺表演的主题和类型相一致，才能更加突出表演的主题。

1）历史型茶艺表演，应该反映出不同时代的特点。如果是仿汉晋时期的茶艺活动，服饰宜峨冠博带、宽袍大袖，体现魏晋风度；同样，仿唐的茶艺表演应该着仿唐的衣服，仿宋的茶艺表演应该着仿宋的衣服。从日常生活来说，汉唐时期的古人大多数时候是跪坐的，而宋代是垂足坐，坐姿不同，服饰也会不一样。明代又有特别的情况，除了垂足坐以外，很多名士在日常生活中还喜欢模仿魏晋时期宽袍跪坐的样子。清代除了满族人着旗袍外，很多汉人穿的是长衫。

2）民俗型茶艺表演，取材于特定的民风、民俗、饮茶习惯，以反映民俗文化等方面为主。这类表演应选择传统民族服装，并且还应带有地方色彩，如“白族三道茶”应选择白族的民族服装，“擂茶茶艺表演”就应选择客家人的传统服饰。

所选服饰要与整个表演场景协调。茶艺活动很多时候不能要求整体现场的协调，但至少茶艺演示区域要有一个整体的协调度。下列是常见的几类服饰。

1）旗袍。起源于16世纪中期满族妇女的民族服装，清代时，旗袍开始在中原地区流行。清末和中华民国时期，旗袍在上海被加入了现代时尚元素，成为中国女装的代表，很快风靡全国。

2）汉服。指汉族人的华夏衣冠，并不专门指汉朝的服饰，而是包括了先秦、汉、魏晋、唐、宋、明等几个朝代的服饰。清朝灭亡以后，曾出现过汉服运动，现在，汉服再次兴起。汉服运动与茶文化的流行几乎是同步的，因此，汉服也就自然成为茶艺活动常选的服饰。

3）唐装。唐装的名称来源于“唐人街”，而非唐代服装。晚清时期，很多华人移居海外，他们的居住地被称为“唐人街”，他们所穿的衣服也就被称为唐装。唐装总的来说，还是根据清代的服饰改良而来的，应当是中式服装的通称。

2.2.3 茶艺演示与音乐

1. 茶艺中音乐的作用

在茶事活动中，音乐的选择和应用起着非常重要的作用，在很大程度上影响品茶人对茶文化的体会，适宜的音乐能够将品茶人引入忘我的境界，使其在茶事活动中尽情感悟茶艺的美感。常见的茶艺音乐多以背景音乐为主，也有现场的歌舞表演。多数茶艺音乐并非专为茶艺而作，而是具有普遍的适应性，以中国乐器和曲目为主，也有外国乐器，例如萨克斯、钢琴等。

茶艺活动是一个“起、承、转、合”的过程，有的动作要快，有的动作要慢，有的动作要发出声响，有的动作要无声，所有这些放在音乐里就是节奏。当茶艺流程展开时，如果辅以节奏合适的音乐，就会让人感受到茶艺的音乐美。

在茶艺中配以适当的音乐，能够使整个茶艺表演音画并举、声情并茂，为表演营造出一种独有的氛围。可以使茶艺的各个阶段串联起来，还可以引发品茶人的情感、思想，唤起品茶人内心的共鸣。同时，恰到好处的背景音乐能够提高茶艺表演的立体感。

茶艺的艺术感需要视觉和听觉共同体现，音乐通过听觉描绘了茶艺的背景与情绪。如行云流水的古筝、柔和的琵琶、轻快的笛声等背景音乐，能够增加茶艺表演的生动性，从而升华茶艺表演的感染力和艺术魅力。在茶艺表演中，作为“背景”的音乐，通过音调的变化、节奏的改变与画面所体现出的主题相符合，不仅能够强化茶艺表演的感染力和艺术效果，而且在一定程度上升华了茶艺表演的主题。

2. 茶艺音乐的类型特点

茶艺类型不同，对应的音乐就不同。文士茶艺要求情境优雅，少数民族的民俗茶艺则要求热闹有生活气息，宫廷茶艺则要求堂皇大气。因此，要根据不同的茶艺类型来选取不同的音乐。

1）描写月下景色的古典名曲。元稹诗中说饮茶的时间为“夜后邀陪明月”，虽然不符合养生要求，但夜晚的茶艺活动从古至今都很受欢迎，描写月景的音乐在茶艺中应用的机会很多，相关的乐曲有《春江花月夜》《平湖秋月》《汉宫秋月》《平沙落雁》《良宵引》等。此类乐曲意境空灵幽远，节奏舒缓，很适合晚间的茶会。

2）描写山水景色的古典名曲。悠游山水、归隐田园一直是中国人的向往，所以这也是茶艺活动的常见主题。相关的音乐有《高山流水》《潇湘水云》《幽谷清风》《空山鸟语》《欸乃》等。此类音乐寄托各不相同，如《高山流水》感慨知音相遇，可用于人数少的茶会；《潇湘水云》描写潇水湘水云气奔腾的景观，有悠然自得之趣，水光云影之兴。

3）描写亲情友情的古典名曲。茶艺活动中有相当一部分是在亲友之间进行的，亲友之间的送行、接风、忆旧等都是茶艺的主题。相关的乐曲有《阳关三叠》《忆故人》《凤求凰》等。

4）描写个人情怀抱负的古典名曲。在人数众多的茶艺活动中这类曲子用的可能性很小，但在一些知己对坐的雅集茶会中使用的概率比较大。相关的乐曲有《酒狂》《樵歌》《卧龙吟》《梅花三弄》《秋夜读易》等。此类乐曲有的节奏较快，如《酒狂》，不宜在茶艺流程中演奏，以免干扰茶艺师泡茶的节奏，可以在茶艺演示的间隙进行；有的需要应景才更有感觉，如《梅花三弄》在雪落梅开之时最佳，《秋夜读易》在秋夜释卷之时最宜。

传统的古典名曲大多采用洞箫、琵琶、古琴、古筝、二胡等乐器，这些乐器的特点也各异。琴与箫声音较低，宜在较小的室内或幽静的室外；筝与琵琶的声音较响，宜在较大的空间演奏。

近现代音乐也可用作茶艺音乐。有些专门的茶艺音乐，如《闲情听茶》《桂花龙井》《茶雨》《乌龙八仙》等，在品茶时，这些独具意境的音乐，能够将品茶者的心带入茶的优美意境内，纵情感受茶文化的精髓。除此之外，根据茶艺展示的内容与形式，也可以选择《天鹅湖》《牧羊曲》《乡恋》等现代音乐，以便更好地表达茶艺活动的主题思想。现代轻音乐，舒缓的钢琴曲、小提琴曲、萨克斯曲等也是不错的选择。

3. 茶艺音乐的基本要求

根据不同风格的茶艺来选配不同的音乐，能够给不同的茶品感受和环境景致带来不同的品茶心境，好的乐曲可以达到营造心境、除烦涤尘、净化灵魂的作用，引发品茶者对茶艺之美的无限回味。

1）茶艺音乐选配的基本要点：音乐风格应优美、典雅，与茶艺表演的主题相适应；音乐的音量大小应适度；表演者应知道乐曲的曲名和乐曲本身所要表达的意境；乐曲的始终应与茶艺表演的始终相吻合；采用乐器演奏时，演奏者的位置和音量应处于附属地位，不能喧宾夺主。

2）音乐运用的方法：巧用民族音乐和地方音乐。民族音乐具有鲜明的民族个性和区域特征，茶也同样具备这两点。茶文化的深刻内涵已经超越了茶饮的功能，借助民族音乐的独特文化形式，能够呈现出大自然动态的环境和无限的情感时空。而借助地方音乐的背景氛围，能够体现茶的民族特色和茶文化精神内容。两者巧妙融合，相得益彰，共同描绘出茶文化的博大精深和绚丽多姿。

3）要有正确的音乐理念。茶艺音乐的设计以“清”“静”“美”“怡”为理念，在音乐中回归孕育茶的真谛，为体验茶艺之美提供空间和载体。

4）要有创新意识，体现时代气息。当前许多茶艺表演都以古典、雅致、民族化作为茶艺音乐设计的标准，并将中国十大名曲作为首选，这些音乐确实古朴雅致，但缺乏时代气息，缺少创新。新时期的茶艺音乐需要与时俱进，不断创新。

4. 茶艺音乐的选择方法

（1）根据表演形式及品茗环境选择音乐　将音乐与茶艺表演融于一体，以营造良好的情感氛围，激发表演者的艺术灵感，提高茶艺表演的艺术感染力。比如，在长嘴壶茶艺表演中，可以选《步步高》《雨打芭蕉》等节奏明快的曲目，以衬托动作幅度大的长嘴壶茶艺表演。在室外的自然景区进行茶艺表演时，可以选择《高山流水》《平沙落雁》《平湖秋水》等乐曲为背景音乐，创造一种物我两忘、天人合一的审美意境，以更好地表现水之秀、山之美、茶之香。

茶艺演示的方式多样，有的是表演人员一边解说茶艺一边表演，并配上相适宜的背景音乐，也有的配以专门的解说人员进行解说，或者在茶艺表演过程中穿插话剧、绘画、书画、舞蹈等形式的茶艺表演，不同形式的表演对背景音乐的要求也不一样。针对单纯的茶艺表演，选择背景音乐时应该充分考虑茶艺表演的形式、表演环境等，然而若在茶艺表演的同时穿插绘画表演、话剧表演、舞蹈表演或书画表演，便应该考虑背景音乐是否同绘画、话剧、舞蹈、书画相符合。

（2）根据不同的茶类选择音乐　演示茶艺时，在无主题的情况下，也可以根据不同茶叶的种类和泡制方式选择相对应的背景音乐，以更好地展现茶艺表演的艺术魅力，使音乐与茶艺相互融合。

1）绿茶清幽淡雅、味醇形美，最大限度地表现了宁静致远的意境。绿茶的品质及其品饮氛围具有“顺应自然、贴近自然”的特征。绿茶茶艺表演一般较为轻快、简单，节奏明快，所以应该尽量选择素雅、明快的背景音乐。古筝音色清澈，能够演绎出舒缓或荡漾的水流之声，笛子、洞箫音色圆润浑厚，能够营造出行云流水之情境，是绿茶茶艺表演较为理想的音乐搭配。

2）红茶茶性温和醇厚，是很多人尤其是女性爱饮的茶。在饮红茶时，人们还经常往里面添加牛奶、水果等，与西方人的生活方式关系密切。因此，可以选择音色较为柔和的钢琴、小提琴、萨克斯等演奏的高雅恬静背景音乐。西方圆舞曲也是能体现西式红茶精髓的音乐之一，如《蓝色多瑙河》《春之声》《维也纳森林的故事》《天鹅湖》等，能使品茶者心神宁静，仿佛置身于西式温馨浪漫的饮茶环境中。

3）乌龙茶在现代茶艺中有特殊的地位，其茶艺流程对其他茶类的冲泡都有影响，生活气息与江湖气息都比较浓。从风味上来说，乌龙茶给人的感觉要沉稳内敛又不失灵动。根据这样的特点，可以选配一些古筝、笛子演奏的相对比较明快的乐曲，如《柳青娘》《蕉窗夜雨》等。

4）花茶融茶之韵和花之香于一体，鲜美灵动，饮用花茶给人的感觉也是活泼的、生活化的。鉴于花茶茶艺的这些特点，在演绎花茶茶艺过程中，最好选用琵琶、古筝等弹拨类乐器演奏的音乐。花茶以茉莉花茶最为常见，配乐可选用古筝名曲《茉莉芬芳》《鲜花调》等。如果是梅花窨制的茶，则可以演奏《梅花三弄》《红梅赞》等。

5）黄茶风味与绿茶相似，但产地有局限，因此在音乐选配方面，可以选一些产茶地的音乐。如君山银针，产于湖南岳阳洞庭湖君山，就可以选用古筝曲《洞庭新歌》，既能体现此茶产地的文化底蕴，优美的曲调更能突显出黄茶的轻盈活泼及其爽朗清鲜的特点。

6）云南的普洱茶厚重内敛，有古朴阳刚的韵味，是游牧民族常饮的茶品。音乐可以选择活泼一点的云南民歌，也可以选一些大漠塞上的乐曲，如《关山月》等。

清幽的环境，古雅的音乐，都与茶文化的雅趣相符合，茶与音乐相得益彰，使通常的煎水品茗达到了精神品饮和艺术享受的境界。

（3）根据民族习俗选择音乐　所处地理环境和历史文化的不同，以及生活风俗的差异，使每个民族的饮茶风俗也各不相同。一个完整的民族茶艺应包括具有少数民族特色的备器、择水、取火、候汤、习茶的技艺，以及品茗环境、仪容仪态、奉茶礼节、品饮情趣和体现民族特点的服装、音乐、舞蹈等。民族音乐的选择是民族茶艺创编的重要环节之一，没有鲜明的民族音乐，就不能展现特点鲜明的民族茶艺，音乐是贯穿民族茶艺的主线。首先，民族茶艺音乐是为民族茶艺服务的，要围绕民族茶艺所表现的内容和主题；其次，要符合民族茶艺所表现的具体场景和氛围；再次，要具有本民族特点；最后，还要考虑民族音乐与民族舞蹈、茶艺程序编排的合理性。比如，蒙古族茶艺表演时，表演者不仅要穿上蒙古族的服饰，还要选择蒙古族民歌作为背景音乐，以表现蒙古族的热情豪爽、乐观向上。

2.2.4　茶席主题设计与茶艺演示

前面介绍过茶席设计的类型，茶席的类型与主题有一定程度的关联。茶席主题设计是茶艺编创的精髓，是整个茶艺的中心，也是茶艺创作的“灵魂”所在。在茶艺的表演过程中，所有的服装、布景、音乐等元素都要围绕主题展开，进行艺术表达和渲染。茶艺主题可以从政治、文化、历史、民俗等领域去挖掘，常见的有雅集、迎送、民俗、教育等几类主题。

1. 雅集休闲类主题茶艺演示

1）雅集是茶席设计中最常见的主题。雅集一般包括琴、棋、书、画、诗、花道、古玩、朗诵等。这些元素在茶席设计中有的是静态存在的，有的是动态存在的，也有两种状态兼存的。比如，琴可以是挂在墙上或摆在桌上的装饰，用陶渊明无弦琴的概念，琴本身可以作为一个意象存在，也可以有人演奏作为背景存在。其他的如棋、书、画、诗、花道也可以如琴一样处理。古玩可以作为茶席设计中的静态存在，也可以结合古玩知识的分享。朗诵或吟诵则完全只能作为动态设计而存在，在茶艺进行的间隙表现。这类主题对具体的茶艺形式没有太多要求，但是以方便布置的干泡席为佳。这类主题的茶席通常被称为文士茶席。

2）宫廷仿古类茶席。这类茶席体现了我国茶文化的高贵，表现的是我国古代贵族、帝王的饮茶生活。现代人都没有宫廷生活的经历，所做的宫廷茶席其实是根据文献与实物资料推测出来的。我国古代的宫廷茶席最早有图画留存的是宋徽宗的《文会图》。从图中的茶席来看，今天茶席的主要元素当时都出现了，一张大方桌上，有茶具、有茶点、有装饰性的饾饤、有插花。实物方面，法门寺地宫出土的唐代茶具让我们可以了解唐代宫廷茶席的一些场景。这些茶具有碾茶器、炙茶器、贮茶器、煮茶器、饮茶器、调茶器等。把所有这些茶器排列开的时候，需要有一个比较大的空间。而这些茶器的材质，除了琉璃茶盏外，都是银器金花。看着这些茶器就可以想象出唐代皇家茶席的排场。宫廷茶席也有向文士茶席靠拢的，如清代乾隆的三清茶，但是他的皇帝身份，注定了三清茶依然是宫廷的富贵气息，必须用宫廷风格的茶器。在茶艺演示方面则比较复杂，有仿唐、仿宋、仿明、仿清，不同时代的茶的饮用方法不一样，茶艺流程自然也不相同。

3）以琴棋为主题的茶席。这类茶席的茶艺演示与琴棋通常分阶段进行。朱权《茶谱》中就描写了茶饮与琴棋结合的情况，那是饮茶之后，再欣赏琴艺，或手谈对弈。如果作为表演来设计，需要有助手来助演，把弹琴弈棋作为茶席的意境来营造，茶席的色泽与形状也都需要加入琴棋的元素。以琴为主题，通常会根据茶会的时间、环境组合一些琴曲。古琴曲大多节奏舒缓，与之配合的茶艺演示一方面要有琴曲中的意韵，另外茶艺的节奏也要与琴曲的节奏配合。这种与音乐配合的茶艺在正式演示前需要多排练几次，以求合拍。以棋为主题的茶席，所说的棋指的是围棋。古人将围棋称为坐隐，作为表演型的茶艺主题非常适合。棋盘可以当茶案，作为茶艺演示的平台，也可以将茶杯分为黑白两色，象征着围棋的黑白子。在茶艺演示时，动作宜圆融，以合太极两仪之意。

4）以书法绘画为主题的茶席。书画是文人最常见的才艺，在古代饮茶活动中，书画出现的频率相当高。可以将书画作品铺排在茶案上，如果是名家作品，可选用影印件。最常见的是以书画作品做茶挂，既可以欣赏，又可以提示茶会的主题。如果是动态设计，则可先进行书画活动，然后用现场作成的书画作品来挂画设席，将书画活动与茶艺活动融为一体。书画也常常作为其他主题茶席的一部分。

5）以古玩鉴赏、朗诵为主题的茶席设计更多的是动态内容。古玩作为茶席的一部分静态出场，在鉴赏过程中又会被主持者拿起放下；朗诵的作品或以书的形式，或以手卷的形式出现在茶席上，作为茶席的一部分静态出场，在茶艺进行过程中也会被朗读者拿起放下。古玩主题的茶席上，可以选一些仿古茶器以烘托气氛；朗诵主题的茶席上，也可由朗诵者来念出茶艺的解说词，重现唐代茶人常伯熊手把茶器、口诵茶名的风采。若是短时间的表演，朗诵与演唱的时间一般要与茶艺表演时间差不多。茶艺的演示内容宜剧情式展开，流程上不需要太拘泥琐碎，茶叶选择也没有品种上的限制。

6）赏花主题茶席。我国茶文化传统里，有人称花间饮茶为煞风景，这当然不可一概而论。现代中国茶艺受日本茶道的影响，花间饮茶也是常事了。赏花主题有两类：一类是繁花满园，这通常适合春花；其他季节茶席上的花一般不宜太繁盛。在室外，可以花为背景，在室内则宜插有意境的小枝。花不宜太香，茶可以选用各种花茶来贴近主题。在设席时，也可另设一案，表演茶道插花。

7）品香主题茶席。在我国雅文化中，香是非常高级精致的所在，在明清时期的文人生活中很常见。《红楼梦》中描写宁国府除夕祭宗祠和荣国府元宵开夜宴都设有香事道具“炉瓶三事”。一般来说，品香忌风。所以，品香主题茶席以室内为宜，茶艺演示时动作不宜太大，参与者也不宜随意走动。茶品选择上宜用红茶、岩茶、普洱等茶韵深沉的品种，花茶也可以。香席的布设与茶席类似，所以在布席时要有主次，以免两个席面雷同。

2. 迎送类主题茶艺演示

迎送类主题的内容相对要少一些，只有迎客与送别两大类，但细分还是有很多情境的。从年龄上来说，年轻人与中老年人的茶席意蕴是不一样的。年轻人的迎送都很随兴，迎时欢天喜地，送时鹏程万里；中老年人的见面与分别就多了很多人生况味，相对来说氛围要厚重一些。从性别来说，女性的迎宾与送别更温婉一些，男性则更潇洒一些。从具体的事件来说，迎宾迎来的可能是新任职的上司或前来投资的贵宾，送别有升迁、升学等喜事。

以迎宾为主题的茶席，可以选一些典故作为茶席设计的意境指向。比如“有朋自远方来”，联想到的是欢乐，有客远来，茶席上必须要安排一些茶点，这是迎宾茶席设计必须要有的一部分。茶艺演示可以热闹一些，表达欢乐的气氛，这种情况下，茶艺流程可以借鉴少数民族的载歌载舞的饮茶习俗；“寒夜客来茶当酒”，联想到的是幽静惬意，寒夜客来也是开心的事情，可以品茶，可以赏雪，可以读书谈心，这种情况下，茶艺流程应该安静地进行。

以送别为主题的茶席设计有很多的意境指向。“长亭外，古道边，芳草碧连天”，这是送友人远行，多的是互道珍重的难舍之意。茶席的场景可以设计成城市郊外的样子，茶器简便，流程也以简洁为佳。这样的意蕴，以仿古茶艺表现出来会更佳，茶艺师当然也要着相应的仿古服饰。仿古的服装好多衣袖稍长，在进行茶艺演示时要注意挽袖，以免衣袖影响茶艺活动。如果是送朋友留学，不舍的成分就少了许多，更多的是祝友人乘风破浪、鹏程万里。这样的茶席在设计时可以偏西式一些，茶具也可用部分西式的茶具。至于茶艺，则可用下午茶、调饮红茶等。茶艺师的服饰可以现代、干练一些。

3. 民俗类主题茶艺演示

民俗的内容非常多，其中以婚俗、寿俗、祭俗与节令风俗最为常见，不同民族，甚至不同地区的这些风俗常常各有特色。

1）婚礼茶席的设计风格喜庆吉祥，色彩可以是中国传统婚礼常用的大红色，也可以在红色背景中设置淡青色、橙黄色，茶席上要设置喜果喜饼作为茶点。与婚礼茶席相配的茶艺，以盖碗茶最为合适。在中国的传统婚礼中本就有新人给父母敬茶的礼仪。至于盖碗中所泡的茶，绿茶、红茶、八宝茶都可以。在婚礼茶席的茶艺演示中，茶艺师就是新娘或新郎，也可以是两人组合，新人的父母也要着相应的礼服，端茶、饮茶的动作也都要事先排练一下。

2）寿筵上的茶席是用来为老人庆寿的，茶字本身拆开为一百零八（“茶”字的草字头为双“十”，相加为“二十”；中间的“人”可看作“八”；底部的“木”即“十”和“八”，相加为“十八”。中部和底连在一起为“八十八”，再加上上部的“二十”，一共就是“一百零八”），古人也称一百零八岁为茶寿，因此以茶贺寿是非常吉利的事。寿筵茶席的设计可以与寿席上的寿桃寿馍组合进行。在传统的寿席上，都会安排一个台面点上寿烛，摆上寿桃寿馍。寿筵茶席上的寿馍不用那么多，点题就行。寿筵茶席上的茶艺演示也以盖碗茶比较适宜，茶艺师宜年轻人，这样为老寿星上茶时会有四世同堂的视觉效果，寓意吉祥。

3）节令风俗主题，其演示内容应该与该时节相应的民俗有关。每个主题的茶艺演示均要准备好文化内涵的解读，这样可以更好地引导客人进入茶会的意境。

4）清明踏青主题茶席，可以选择柳枝、兰草、桃花为点缀，茶点江南可用青团，西北可用子推馍，当然也可专为茶席设计一款茶点。茶艺演示以玻璃杯泡明前绿茶为宜，整体风格清新淡雅，具体仪式设计中可以加入本地文化元素。若以纪念祭祀为主题，茶叶依然用绿茶，茶具可改用青花盖碗，茶艺演示的流程与动作要简明沉稳，在保持清新风格的同时，增加宁静庄重的感觉。

5）端午诗歌主题茶席，诗歌可以用在很多茶席中，但端午节是我国的诗歌节，无疑用诗歌作为茶席的主题是最合适的。在应用上，可以把茶艺的每个步骤都用一句诗来表达，也可以选择一首端午的诗来统摄茶艺流程。茶叶以春茶为宜，茶具用白瓷或影青，可以衬托茶色；插花以兰草、菖蒲为好，既是应景当令的植物，也是诗人情怀的象征。茶席点心以绿豆糕、粽子为好。在服饰上，适合汉服。

6）中秋赏月主题茶席，中秋赏月是古今共同的节日活动。对着一轮满月，每个人的联想是不一样的，有人庆团圆，有人思故乡，这些就是在中秋赏月这个大主题下的小主题。中秋主题的茶艺演示内容适合福鼎白茶、月光白、桂花茶等，茶杯适合琉璃杯，汤色近似月色。服饰无须讲究太多，宽松闲适的服装就可以。盖碗茶的形式很适合。茶席铺设宜在户外，园林场地最佳，整洁的都市景观也可以。

7）冬至染梅主题茶席。中国传统，冬至数九第一天，画一幅九九梅花消寒图，一枝九朵梅花，每朵九瓣，日涂一瓣，待到涂完，大地回春。这样的茶席宜冲泡温暖的茶汤，如红茶、熟普等，都很应景，花茶适合用梅花茶，茶器用盖碗或工夫茶具都可，可以焚香。插花宜用梅花，席面可预设一幅未上色的九九梅花消寒图，请来宾在茶席上点染梅花。

4. 教育类主题茶艺演示（尊师、孝亲、励志）

茶艺自古代开始，很多时候应用于礼法教育，人们给老师奉茶、给长辈奉茶，都属于教育类主题茶艺的范畴。近些年来，随着传统文化日益受到重视，以茶行礼的仪式也越来越常见。

1）尊师类主题茶席在设计时要注意不同行业尊师的仪式方法不完全相同，大概可分为两类，一是学校里的老师，二是行业上的师父。

以老师为对象的尊师主题茶席，其布置要符合尊师敬长的文化传统。茶挂可以选孔子画像、历代关于尊师重道的名言佳句，比如“桃李不言”“圯上敬履”“道之所存”“善之本”等。茶具可选盖碗，图案色彩宜清雅。具体的茶艺形式可以用盖碗茶中的八宝茶、清代宫廷的三清茶等。茶艺师就是学生，而饮茶者就是老师。茶艺的服饰古装现代均可，如果是舞台表演的话，着端庄的汉服会更有仪式感。学生给老师奉茶、行礼，老师也应该给学生准备一件有意义的小礼物，如书签、笔、书籍等，如果是博士、硕士生的尊师茶席，也可以准备一些象征着衣钵传承的道具，这样的礼物安放也是茶席布置的一部分。

以师父为对象的尊师主题茶席，要注意各个行业的特点。一些传统行业的拜师礼中很适合用这样的茶席。茶挂可以选择相关行业的祖师像，如厨师可以挂彭祖像，木匠可以挂鲁班像，商人可以挂陶朱像，茶艺师可以挂陆羽像等。茶席上的茶具可选盖碗，图案色彩可以华丽一些，显得喜庆。具体的茶艺形式可以用盖碗茶中的八宝茶、潮州或福建的工夫茶等。茶艺师就是徒弟，而饮茶者就是师父。茶艺的服饰以各个行业的工装为佳，其他如唐装、中山装、西装也都可以。徒弟给师父泡茶、敬茶，师父也要为弟子准备一件本行业的常用工具作为礼物。

2）孝亲类主题茶席设计面向的对象比较简单，就是家中的长辈，一般是父母，特殊情况下也可能是爷爷奶奶或叔叔伯伯等。这类主题的茶席在布置时要突出温情，色调可以偏暖一些。一些与孝亲花语有关的花卉很适合作为茶席的插花，如康乃馨、萱草等。茶挂的内容可以用“寸草心”“三春晖”“德高良教”“亲其亲，长其长”等。具体的茶艺形式可以用盖碗茶中的八宝茶、潮州或福建的工夫茶等，普通的绿茶茶艺也可以。茶艺师就是子女晚辈，而饮茶者就是父母长辈。茶艺的服饰以唐装、中山装为佳，西装也可以。晚辈要给长辈准备一件寓意吉祥的礼物，长辈也相应地要为晚辈准备一件礼物。

3）励志类主题茶席设计多用于鼓励教育成长中的青年学子及行业晚辈，茶艺师与茶会参加者都可以由他们担任。茶席所用的插花宜选花语刚健、积极的花草组合，如松、柏、菊、桂、兰、梅等；茶挂的内容可以用“雏凤清声”“大鹏一日同风起”“傲霜”“天行健”“乘风破浪”等。茶艺师与茶客的服装可以着汉服，也可以着时装，无论哪种，服装宜简单干练，色调用年轻时尚一些的。茶艺编排方面也宜阳光、清健，动作不可太柔，茶艺师可由男性来担任。具体的茶艺用盖碗茶、工夫茶都可以。所泡的茶叶六大茶类都可以选择，有特别寓意的话，也可以选花茶。一般不要选择用调饮茶或花草茶。

5. 茶叶品鉴类主题茶艺演示

品鉴类主题的茶艺设计比较纯粹，目的就是通过茶艺演示，展示茶品的优良品质。这一类主题茶艺在茶山、茶叶市场的各种活动中是比较常见的。这类茶艺的演示内容中，对茶品的介绍非常重要，要详细介绍茶品的产地、特点、冲泡方法及茶具搭配，重点放在品质特点上。茶艺流程要根据不同茶类的特点来设计。

1）绿茶、黄茶等适合用玻璃杯或盖碗，根据茶品来选择上投法、中投法与下投法；根据茶叶的老嫩来选择是定点注水还是悬壶高冲；根据客人的特点来选择是留根泡还是茶水分离的浓茶泡法。茶艺演示的动作可以飘逸一些，背景则以春天新绿为主色调。

2）乌龙茶适合用盖碗或紫砂壶来冲泡。具体在冲泡时，铁观音与冻顶乌龙类的清香型茶需用淋壶增温的程序来闷泡，大约要泡 45 秒，冲泡方法可选择台式乌龙茶的双杯泡法；其他乌龙茶的冲泡出汤速度较快，一般在 10 秒以内，不需要闷泡，适合采用福建广东地区传统工夫茶的冲泡方法。乌龙茶的冲泡对出汤速度要求很高，所以在冲泡时不宜有过多花式的表演动作。

3）普洱茶与安化茶的特点在于陈香熟韵上，所以在冲泡时可以结合一些厚重的元素。

黑陶、紫砂、铁壶、火盆风炉等都是适合布置茶席的，但品茗的茶碗还是适合用一些浅色的茶碗，一则可以增加茶席的色彩轻重变化，二则方便观赏茶汤的颜色。茶艺演示可以增加一些西南地区的风俗元素，帮助客人理解这些茶的风味特点。

4）红茶品鉴的茶艺演示内容分两类。一类是用西式饮茶方式来表现的，所用茶器也以西式茶器为主，包括配茶的点心也是以奶油味的茶点为宜，茶艺师的服饰可以偏现代一些，茶艺流程要简明。一类是中式的，茶艺演示用传统的干泡法或湿泡法都可以，茶点可以配一些蜜饯、饼干之类。

5）白茶品鉴的茶艺演示时，白毫银针类的用盖碗或玻璃杯直接冲泡，时间在30秒以上；白牡丹、老白茶一类，可先用盖碗冲泡，5泡以后可以煮。白茶的茶艺演示比较简单，为增加客人对白茶品质的了解，可以在编排演示流程时，增加一些对比环节，包括银针与寿眉的对比、泡与煮的对比、短时间泡与长时间泡的对比、新茶与陈茶的对比等。

技能训练 茶席设计

1. 材料与器具准备

1）材料：茶叶、茶点、花材。

2）器具：茶桌、桌布、主泡茶具、辅助茶具、花器、茶挂。

2. 训练步骤

1）确定茶席主题：准备两个主题，其中一个作为备用方案。写一份茶席设计主题阐述。

2）布置环境：根据预设主题的文化风格，选择场景，并用挂画、插花等加以布置。

3）布置茶席：根据主题及场景条件，布置一个合适的茶席，并将茶席布置的完整场景拍照或精细手绘。

4）茶艺演示：在布置好的茶席上演示茶艺的流程。茶艺形式的选择要与主题设计相符，茶艺演示要突出实用性，表演要为实用服务。

5）文案整理与评价：将所有过程包括过程中的照片，按如下格式系统整理为一份完整的茶席设计方案，并对该茶席的实用性、观赏性、艺术性进行评价。

茶席设计方案格式如下：

① 茶席主题阐述。

② 拟用茶艺形式（仿古、文士、日式等）。

③ 茶席应用（适用场合与适合人群）。

④ 茶席材料与器具准备。

⑤ 环境与茶案布置（配设计图或场景照片）。

⑥ 茶艺流程。

2.2.5 风味茶饮与少数民族茶饮

我国是一个多民族国家，各民族历史文化有别，生活风俗各异，而我国又是茶的故乡，各民族酷爱饮茶。因此，我国饮茶的风俗习惯各式各样，产生了丰富多彩并具有鲜明地方特色的民族茶艺文化。茶艺包括两部分，一是客来敬茶的日常生活茶艺，二是民俗文化特征明显的茶艺。前者用于生活中，仪式感较弱，一般不会出现在正式的茶艺活动现场。几乎每个民族都有自己的以茶待客之道，如白族三道茶、藏族酥油茶、蒙古族奶茶等，几乎每个少数民族都可以整理出具有自身特点的民俗茶饮来。汉族也有一些很有特色的民俗茶席，如周庄阿婆茶、果子茶等。茶艺演示要表现的是相应的民俗风情，所以应该用相应地区的饮茶方法来表达，而不应受现代流行的茶艺形式的影响。以阿婆茶为例，咸菜苋、萝卜干、九酥豆等茶点是必备的，茶具不拘一格，许多人家至今仍然或多或少地保存着祖辈传下来的各式茶具：有古朴典雅的莲花观音茶壶，也有颜色艳丽、图案华美的盖碗；有宋代青花小瓷碗，也有胎薄质细、小巧玲珑的茶盅等。现代阿婆茶中的主题更丰富了，结婚要喝“喜茶”，生孩子要喝“添丁茶”，造房子要喝“进屋茶”，上大学要喝“状元茶”，参军要喝“报国茶”等。在茶艺演示时，可以结合这些元素来设计茶艺流程及内容。

1. 客家擂茶

客家擂茶是一种较古老的吃茶方法，以生米、生茶叶、生姜三样生品捣碎，加盐冲饮，称为“三生饮”。随着客家人的南迁，这种饮用习俗逐渐扩大到湖南、湖北、江西、福建、广西、四川、贵州、台湾等地，并得到了改进和发展，形成了不同的风格。擂茶不仅是土家族四季常备的饮料，也是客家人招待亲朋好友的特殊礼仪和社交习俗。婚诞寿喜、亲友聚会、邻里串门、乔迁新居、升迁等喜事来临时，都有贺喜请喝擂茶的习俗。招待宾客喝擂茶时，桌上还要摆放各种茶点，如瓜子、豆类、馓子、米花糖、炸鱼片、桂花糖等，平添喝茶的乐趣。此外，有些地区还有送擂茶以表深情的习俗。送擂茶时，要用一个精致的大茶盒装好，茶盒里面有四格雕龙镂凤的活动匣子，每格可放两个碟子，八个碟子都盛满了各种茶点，最底层是一个单独盛放擂茶粉的大匣子。送礼时一手提着茶盒，一手燃放鞭炮进屋，主人也放鞭炮迎接。待客人到齐后，主人把送来的擂茶粉分别倒进大茶缸里，再冲开水，接着又把茶点分别端出来摆在桌上，让客人及左邻右舍品尝。喝过擂茶之后，主人在退还亲朋的茶盒时，要在最底层回赠一条新手巾，以示谢意。

1）原料组成：茶叶、生姜、芝麻、炒米花、炒花生仁、甘草、橘皮、胡椒、食盐等。

2）制茶程序：涤器→备料→打底→初擂→加料→细擂→冲水→过筛→敬茶→品饮。

3）风格特点：当客人来临时，主人首先端出的是一套擂茶茶具，俗称擂茶三宝：一是陶制擂钵；二是擂棍；三是捞滤。

擂茶看似豆浆，又似乳汁，喝起来有香、甘、爽口的特殊风味。擂茶的材料因地方和个人的喜好与季节的变化而略有不同，但基本材料（如茶叶、芝麻、生姜）是必不可少的。就其茶叶而言，湖南、江西等地大都采用绿茶，福建、广东则用乌龙茶，台湾用包种茶。芝麻有采用熟的，也有用生的，而生姜大都一致。就口味而言，土家族根据客人口味，或加盐，或加白糖，咸、甜味各取所需。武夷山客家人还根据季节变化和客人的口味灵活调整配方。如冬春加肉桂用以温通经脉、通阳化气、祛湿驱寒，或加党参、枸杞以补元气；夏天加鱼腥草、藿香、凤尾草，制成防暑擂茶，或加金银花、荷叶、淡竹叶、薄荷等制成清凉解暑擂茶；秋天则加贡菊或杭白菊。对于喜欢喝香茶的人，可将芝麻炒过或一部分炒过再擂，或同时加入炒花生米、炒黄豆等。

2. 藏族酥油茶

饮酥油茶是很讲究礼节的，到藏族人家做客，主妇首先会奉上糌粑，递上茶碗，然后按辈分大小一一倒上酥油茶。喝酥油茶时使用的茶具也十分精美，煮茶壶有银壶、铜壶、铝壶、瓷铁彩花壶等。壶的颈腹部的图案花纹具有浓厚的民族色彩。壶嘴、壶把的造型美观别致。茶碗为木质或瓷质的，并用银或铜镶嵌，几乎件件茶具都是精美的民间工艺品。

1）原料组成：普洱茶、盐巴、酥油、核桃仁、芝麻、花生仁、生鸡蛋、葡萄干、糖等。

2）制茶程序：将普洱茶敲碎→在锅内放水，煮沸后投入碎茶，熬煮约半小时，使茶汁浸出→滤去茶渣，将热茶汁倒入打茶筒，再放入酥油及适量盐、糖等，根据需要及个人爱好，加入配好的核桃泥、芝麻粉等→用手握住打茶筒可以上下移动的木棒，上下搅动，轻提，重压，反复数十次，直到充分融合，即可倒入茶壶，再分别倒入碗内饮用。

3）风格特点：酥油茶是一种以茶为主的多种原料的混合体，滋味多样、营养丰富，既可驱寒、充饥，又可消除疲劳，补充营养。藏族人每天分早、午、晚3次饮茶，并在早茶饮过数杯后，在最后一杯中留下一半，加入一些炒熟的青稞粉，调成糊状或捏成团状食用，俗称糌粑。午、晚也是如此，成为一种茶饭不分的饮食风格。

3. 蒙古族咸奶茶

喝咸奶茶是蒙古族传统的饮茶习俗。遇客来访时，主人便奉上热气腾腾的奶茶，并端上炒米、黄油、奶酪供客人享用。客人饮茶时要慢慢饮，碗底随时留着少许茶，暗示主人继续添加，等到即将告辞时，最后一碗奶茶就可一饮而尽。如不想喝了，只需在碗口上盖一下，主人就知道，不再继续斟了。

1）原料组成：砖茶、牛奶或羊奶、盐巴、纯食用碱、小米、奶皮子、黄油渣、绵羊尾巴油、稀奶油。

2）制茶程序：捣茶→洗锅→熬茶→过滤→再烧茶→搅拌→加料。

3）风格特点：蒙古族同胞认为，只有“器、茶、奶、盐、温”五者相互协调，才能煮出最可口的奶茶来，另外在煮茶过程中还常常边煮边“扬”（用勺子在锅内将茶盛起，倒下，反复数次）。这样可使奶茶充分融合，味道更香醇。据说这样做还可以使奶茶的香味飘得更远，告诉在牧场上的家人该回家喝茶了。近年来，奶茶已制成多种口味的速溶奶茶粉，使更多的人更方便地享受奶茶的美味。

4. 白族三道茶

三道茶，白族语叫“散道早”，是白族待客的传统风俗。一旦宾客上门，主人一边与客人谈话，一边吩咐家人忙着架火烧水。待水沸，常常由家中或族中最有威望的长辈司茶。即按辈分先后，长者第一，依次敬茶。按主不喝客不饮的规矩，主人双手举杯齐眉道声“请”，并先一口饮尽后，客人方可品茗，道谢意。款待三道茶时，一般每道茶相隔3~5分钟进行。另外，还在桌上放些瓜子、松子、糖果、糕点之类，以增加品茶情趣。

1）原料组成：“苍山绿雪”或“青毛尖”等上等绿茶、核桃仁片、烤乳扇（牛奶提炼制成的扇状食品）、红糖、蜂蜜、花椒、姜片、桂皮末、熟芝麻等。

2）制茶程序

第一道茶：烹水→烤砂罐→置茶→烤茶→注沸水。

第二道茶：烤茶→置水→配料放入茶碗→冲茶。

第三道茶：放入配料→冲入沸茶水→晃动混合。

3）风格特点：“一苦、二甜、三回味”是白族三道茶的基本特点。其头道茶，虽然苦涩，但有清凉消暑、生津解渴、提神醒脑、解除疲劳的功效，寓意为敢于吃苦才能事业有成。第二道茶，香甜可口，苦尽甘来，并敬祝来客生活美满幸福、万事如意。第三道茶也称回味茶，集甜、麻、辣、涩、苦与茶香于一体，回味无穷，具有温胃散寒、滋阴补肾、润肺祛痰等功效，寓意为人的一生，青年苦、中年甜、老年回味，充满了生活的哲理。

2.2.6 茶艺演示的文化内涵

1. 茶艺演示要有主题性

每一场茶艺活动都是有主题的，主题有隐性的，也有显性的。车展、楼盘现场的茶艺演示活动，大多数时候主办方并不会提出具体要求，只是把茶艺作为一个沟通的平台，这种情况下，活动的主题是明显的，但茶艺的主题不明显，主办方并不会太在意茶艺的表演形式与文化内涵。在一些针对性比较强的场合，比如旅游、美食推介、文化活动中，如果安排茶艺演示，通常茶艺与活动之间的联系更加密切，这时候，茶艺的主题就是显性的。不论是隐性主题还是显性主题，茶艺安排都应尽可能把需要的主题性考虑进去。

2. 茶艺要体现文化属性

茶艺不能止于泡好一杯茶，要适度体现所关联的文化属性。与茶艺关联的文化有历史、文学、民俗、雅集等。体现文化属性就是要把茶艺演示当成平台，当茶艺的主题是旅游的时候，民俗就是这个平台上最常见的文化符号，而不同环境的民俗有很大差别，闲来吃茶，江南与京津不同，城市与乡村不同，华东与华南不同。茶的文化属性还体现在人情的温暖上，要让茶艺演示更加接地气，更符合活动的文化需求。对茶艺文化内涵的阐述要通畅明白，不要用复杂的语句，不要用夸张的描述，不要夸大茶的功效，也不要故弄玄虚。茶文化的可亲可近，基础就在于可信。

3. 茶艺需要有艺术表达

茶艺是艺术化的饮茶生活，茶艺演示就是向观者表达这种艺术性，因此对于茶艺演示的每个环节都要有艺术化的表现。首先，茶席布置要美观，环境设置要雅致，但这种美观雅致又不能让观者觉得遥不可及，所以茶具的选用及环境的布置都要与观者的消费能力契合。其次，茶艺演示的动作要优雅，要通过茶艺的流程让人直观地感受到茶的平和。最重要的是茶汤的质量，很多茶艺演示会让客人品尝茶艺师所泡的茶，如果各方面都很美，但茶味道不好，那前面的那些美就都成了浮夸。

复习思考题

1. 简述茶席的概念，以及常见茶席的类型与主题。
2. 茶席的构成元素是什么？
3. 如何进行仿唐、仿宋、仿明清茶席的设计？
4. 少数民族茶席设计有什么特点？
5. 如何安排茶席上的装饰、器物、熏香、插花与挂画？
6. 茶席布置的原则是什么？
7. 掌握不同类型茶席的布置。
8. 茶艺服饰、音乐有什么要求？
9. 简述雅集休闲类、迎送类、民俗类、教育类、茶叶品鉴主题茶艺演示的内容。
10. 风味茶饮与少数民族茶饮的调制方法有哪些？

项目 3

茶间服务

- 茶间服务
  - 茶事推介
    - 茶叶的传说、典故
    - 茶叶感官审评基本知识及术语
    - 紫砂茶器的选购知识
    - 瓷器茶器的选购知识
    - 不同茶具的特点及养护
  - 营销服务
    - 茶馆营销基本知识
    - 茶馆消费品配备
    - 茶事展示活动
    - 茶事展销活动类型与选择

3.1 茶事推介

3.1.1 茶叶的传说、典故

1. 茶叶起源传说

茶有文字记载是公元前200年左右秦汉时期的辞书《尔雅》，称茶为“槚”。汉代司马相如在《凡将篇》中，称茶为“荈诧”，将茶列为20种药物之一，是我国历史上将茶作为药物的最早记载。但民间又有各种关于茶叶起源的传说。

（1）神农发现茶的传说　茶作为饮料是中国人的一项重大发现。它的利用历史与药用植物一样古远。原始社会人类采集和渔猎时期，在品尝百草滋味的过程中发现了它。秦汉时的《神农本草经》记述了“神农尝百草，一日而遇七十二毒，得茶以解之”。

（2）吴理真发现茶　相传蒙山种茶始于西汉末年，时名山人吴理真手种七株茶于上清峰，“灵茗之种，植于五峰之中，高不盈尺，不生不灭，迥异寻常”，当时被人们称为仙茶，吴理真也在宋代被封为甘露普慧妙济大师。

2. 茶叶功能传说

茶叶的功能是在饮用推广过程中被逐渐发现的。秦汉之际人们发现饮茶有醒酒、不眠的功效，随着茶在人们生活中的日益普及，它的功能也陆续被人发现并神化，以致后来有茶为万病之药的错误说法。

（1）不眠与宁神除烦功效　不眠是指饮茶以后不易瞌睡，是茶的功效中最先被发现利用的，之后很多读书人在夜晚读书时，往往都需要饮茶来提神。最早提到宁神除烦功效的是西晋的刘琨，当时他带兵北伐，在北方并州坚守时，面对水土不服及各种压力，身体产生了严重不适，于是写信给他的侄子南兖州刺史刘演：“前得安州干姜一斤、桂一斤、黄芩一斤，皆所须也，吾体中愦闷，常仰真茶，汝可置之。”这两个功能看起来是一对矛盾，其实是对人体的不同作用，不眠是饮茶以后人的神经兴奋，而宁神则是通过饮茶使人心绪平和。

（2）醒酒功效　茶能解酒是被人们广泛认同的。但茶解酒虽有作用，却对肾脏有损。原本饮酒之后，酒精经过肝脏解毒，再通过肾脏排出体外。但茶能够加快人体水分代谢，以茶解酒，使得血液中的酒精还没经肝脏解毒，就从肾脏排出体外。肾脏本身没有解毒功能，这样一来，肾脏的负担就加重了。

（3）减肥　中国人自古以来多数认为饮茶可以减肥。但准确来说，这个功能应为去肥腻。

（4）饮茶长寿　这个说法也是在茶文化发展的初期就出现了，魏晋南北朝时有很多神仙与茶的故事。陶弘景在《名医别录》中直接就说：“苦茶，轻身换骨，昔丹丘子、黄山君服之。”有了这么多神仙故事的加持，茶与长寿的关系基本就得到了大家的认同。

（5）斛二瘕　适度饮茶有益健康，过量饮茶也会对身体造成伤害，古人早就发现，过量饮茶会“瘠气侵精”，损耗人体的阳气。

3. 名茶产生传说与典故

1）西湖龙井茶历史悠久，最早可追溯到唐代。当时著名的茶圣陆羽，在所撰写的世界上第一部茶叶专著《茶经》中，就有杭州天竺、灵隐二寺产茶的记载。西湖龙井茶之名始于宋，闻于元，扬于明，盛于清。早在北宋时期，龙井茶区已初步形成规模，当时灵隐下天竺香林洞产的“香林茶”，上天竺白云峰产的“白云茶”和葛岭宝云山产的“宝云茶”已列为贡品。相传，乾隆皇帝巡视杭州时，曾在龙井茶区的天竺作诗一首，诗名为《观采茶作歌》。胡公庙前的十八棵茶树还被封为“御茶”。从此，西湖龙井茶驰名中外，问茶者络绎不绝。

2）洞庭碧螺春茶产于江苏省洞庭山一带，原名“吓煞人香”。相传康熙皇帝嫌其名不雅，于是改其名为“碧螺春”。

3）武夷茶。武夷山产茶历史悠久，从宋代到明代初年，武夷山的龙凤团茶一直是作为贡茶生产的。明朝洪武24年，朱元璋下诏罢造龙团，武夷茶进入了一个低谷。明末清初时，武夷茶发展成为乌龙茶。当时乌龙茶还不是很普及，北方人得到乌龙茶往往会很好奇，袁枚初饮武夷茶时，见壶小如香橼，杯小如胡桃，初尝觉得太过苦涩，再回味又余香满口，他在《试茶》一诗中写道：“道人作色夸茶好，瓷壶袖出弹丸小。一杯啜尽一杯添，笑杀饮人如饮鸟。”

4）铁观音是中国乌龙茶中的重要品种，关于它的由来，在安溪茶区流传着两种说法：魏说和王说。

① 魏说。相传，清康熙乾隆年间，安溪西坪尧阳松林头村有个老茶农魏荫，善于茶事，又笃信佛教，敬奉观音。有一天夜里他梦见自己扛着锄头走出家门，在一条溪涧旁的石缝中发现一株茶树，枝壮叶茂，芳香诱人，不同于寻常茶树。第二天早晨，魏荫循着梦中道路寻找，果然在观音仑打石坑的石隙间找到梦中的那棵茶树。仔细观看，只见茶叶椭圆，叶肉肥厚，嫩芽紫红，青翠欲滴。因这茶是观音托梦得到的，所以取名“铁观音”。

② 王说。安溪西坪尧阳仕人王士让，于清乾隆元年的春天偶然发现层石荒园间有株茶树与众不同，就移植在南轩的茶圃，朝夕管理，悉心培育，茶树枝叶茂盛，圆叶红心，采制成品，乌润肥壮，泡饮之后，香馥味醇，沁人肺腑。乾隆六年，王士让奉召入京，谒见礼部侍郎方苞，并把这种茶叶送给方苞，方苞尝后觉得其味非凡，便转送内廷，皇上饮后大加赞誉，因此茶乌润结实，沉重似铁，味香形美，犹如“观音”，赐名“铁观音”。

还有一些传说与以上两种传说类似。这些传说的共同点是，茶树都与观音菩萨有关，故而茶名之中有“观音”二字。而之所以冠以“铁”字，又有两种解释：一是由于茶树叶片在太阳下闪烁着“铁色”之光，另一种说法是茶经过发酵后，“茶色如铁”。

5）凤凰单丛。广东潮州凤凰山是畲族的发祥地，也是乌龙茶的发源地之一。在隋、唐、宋时期，凡有畲族居住的地方，就有茶树种植。隋朝时，因地震引发山火，大部分茶树被烧死，仅存乌岽山、待诏山等地有种植。在宋代，凤凰山民发现了叶尖似鹪嘴的红茵茶树，烹制后饮用，觉得味道奇香，便开始试种。宋末帝赵昺逃难至此，口渴难忍，山民献红茵茶汤，赵昺饮后称赞是好茶。因为这个故事，后人称其为宋茶，更有神化了的“凤凰乌闻知赵昺口渴，口衔茶枝赐茶”的传说，“鸟嘴茶”的名称也在民间渐渐传开来。实际上，南宋时期，凤凰山人已经零星种植了鸟嘴茶树，明代弘治年间，出产于待诏山的茶已经成为贡品，称为“待诏茶”。清代，凤凰单丛的生产迅速发展，达到一个历史高峰。新中国成立以后，凤凰茶的生产重新进入鼎盛时期。

4. 名茶的组成

中国茶叶历史悠久、茶类丰富，各种名优茶亦多如繁星，中国名茶就是诸多茶叶花色品种中的珍品，在国际上享有很高的声誉。名茶是贡茶发展而来，古代主要用作贡品，名茶之所以有名，在于产区生态环境优越，茶树品种优良，采制工艺精湛，色、香、味、形风格独特，有一定的艺术性和很高的品赏价值。

据王镇恒、王广智主编的《中国名茶志》，中国现代名茶由三部分组成。

一是传统名茶，即历代名茶一直沿袭到现在，但名茶技艺和品质特点在历史的长河中发生了演变。此类名茶共有 22 种。绿茶类：西湖龙井、庐山云雾、洞庭碧螺春、黄山毛峰、大平猴魁、信阳毛尖、六安瓜片、老竹大方、恩施玉露、桂平西山茶、屯溪珍眉。黄茶类：君山银针。黑茶类：云南普洱茶、广西六堡茶、湖南天尖。白茶类：白毫银针、白牡丹。青茶类：武夷岩茶、安溪铁观音、闽北水仙、凤凰水仙。红茶类：祁门工夫红茶。

二是恢复历史名茶。据《中国茶经》记载有休宁松萝、涌溪火青、敬亭绿雪、九华毛峰、龟山岩绿、蒙顶甘露、仙人掌茶、天池茗毫、贵定云雾、青城雪芽、蒙顶黄芽、阳羡雪芽、鹿苑毛尖、霍山黄芽、顾渚紫笋、径山茶、雁荡毛峰、日照雪芽、金奖惠明、金华举岩、东阳东白等 21 种。

三是新创名茶。《中国名优茶选集》共收录名茶 218 品目，其中主要是 1949 年以来创制，并通过省、部级以上组织评定获奖的，还包括部分历史名茶。据《中国名茶志》记载立条名茶 309 种，列表名茶 708 种，合计名茶品目 1017 种。

在中国茶叶历史上，不同时期曾多次评出过中国十大名茶。1915 年巴拿马万国博览会将碧螺春、信阳毛尖、西湖龙井、君山银针、黄山毛峰、武夷岩茶、祁门红茶、都匀毛尖、铁观音、六安瓜片列为中国十大名茶。1959 年中国“十大名茶”评比会将西湖龙井、洞庭碧螺春、黄山毛峰、庐山云雾茶、六安瓜片、君山银针、信阳毛尖、武夷岩茶、安溪铁观音、祁门红茶列为中国十大名茶。

3.1.2 茶叶感官审评基本知识及术语

不同茶类的品质特征有明显区别，茶叶品质包括外形和内质两方面。外形主要是由于不同的加工方法形成不同的物理状态，如长、圆、扁、针形等不同形状；内质取决于茶叶中的化学成分的种类、含量和比例。由于加工过程中形成内含物的组成成分和含量有差异，通过了解形成茶叶色、香、味的基础物质，才能判别茶叶品质的差异。

1. 茶叶感官审评用具与流程

茶叶感官审评是指审评人员运用正常的视觉、嗅觉、味觉、触觉等辨别能力，对茶叶产品的外形、汤色、香气、滋味与叶底等品质因子进行综合分析和评价的过程。通常茶叶销售的终端环节是可以直接进行冲泡饮用的商品茶——精制茶，因此按《茶叶感官审评方法》（GB/T 23776—2018）中对精制茶的要求，干茶审评茶叶外形的形状、色泽、整碎和净度，开汤审评茶叶内质的汤色、香气、滋味和叶底。审评内容一共是八个方面称为“八项因子”。

感官评定茶叶品质通常在特定的茶叶感官审评室中进行，内设有审评室、样品室、集体工作区、办公室等。审评室配备有干评台、湿评台、各类茶审评用具、水池、毛巾等设施和用品。

（1）常见的茶叶审评用具

① 精制茶审评杯、碗：均为白色瓷质，杯呈圆柱形，容量为 150 毫升，具盖且杯盖有一小孔，杯柄相对的杯口上缘有锯齿形滤茶口，用于泡茶和闻香。碗容量 240 毫升，用于审评汤色和滋味。

② 乌龙茶审评杯、碗：均为白色瓷质，杯呈倒钟形，容量 110 毫升，具盖，用于泡茶和闻香。碗容量 160 毫升，用于审评汤色和滋味。

③ 评茶盘：用于审评茶叶外形。

④ 叶底盘：审评叶底用。黑色叶底盘适用于精制茶，白色搪瓷盘适用于乌龙茶。

⑤ 品茗杯：审评茶汤滋味。

⑥ 天平：用于称量茶叶，现在大多为小型电子秤。

⑦ 计时器：用于计时。

⑧ 网匙：用于捞取碗底沉淀的碎茶。

⑨ 茶匙：用于舀取茶汤。

⑩ 烧水壶：用于烧开水。

⑪ 茶筅：竹制，用于搅拌粉茶。

（2）茶叶审评流程　取样，也称抽样或扦样。从一批或数批茶叶中取出具有代表性的样品供审评使用。取出的样品必须迅速装在清洁干燥、密闭良好的容器中。每个样品都要有标签，标明采样地点、茶名、等级、日期、产地等相关信息。

取有代表性的茶样 150~200 克放入样盘中，评其外形。然后撮取 3 克茶倒入审评杯内，再用开水壶中的沸水冲至杯满，加盖浸泡几分钟，将茶汤沥入审评碗，评其汤色，并闻杯内香气。再用茶匙取半匙茶汤尝滋味，最后将茶渣倒入叶底盘中，审评叶底。

具体流程：取样→评外形→称样→冲泡→沥汤→评汤色→闻香气→尝滋味→看叶底。

2. 茶叶感官审评方法

（1）干茶审评　干茶审评茶叶的形状、嫩度、色泽、整碎和净度。紧压茶审评其形状规格、松紧度、匀整度、表面光洁度和色泽，以及是否起层脱面，包心是否外露等。茯砖加评“金花”是否茂盛、均匀及颗粒大小。进行干茶审评时把茶样倒入评茶盘中，双手握住评茶盘对角，其中一手应封住评茶盘的倒茶小缺口，用回旋筛转法和“簸”的手法，使茶叶从内向外按从大到小的形态排布，分出上、中、下档，再进行目测审评。各种商品茶特定外形与制茶方法密切相关，查看茶叶中是否有茶类夹杂物如茶梗、茶籽等，或非茶类夹杂物如竹片、线头、树叶等。外形以形态、色泽一致，匀整、匀净、嫩度高为佳，以规格零乱、花杂、粗松为次。取样时，绿茶、红茶、黄茶、白茶、黑茶（散茶）、花茶称取 3 克茶叶，茶与水比例为1克∶50毫升；乌龙茶称取5克茶叶，茶与水比例为1克∶22毫升。

（2）盖碗审评法　适用于乌龙茶，取茶样5克置于倒钟形审评杯中，快速注满沸水后，用杯盖刮去液面浮沫再加盖，1分钟后，揭盖嗅其盖香，评茶叶香气，至2分钟沥茶汤入评茶碗中，评汤色和滋味。接着第二次冲泡，加盖2分钟后，揭盖嗅其盖香，评茶叶香气，至3分钟沥茶汤入评茶碗中，再评汤色和滋味。第三次冲泡，加盖3分钟后，评香气，至5分钟沥茶汤入评茶碗中，评汤色和滋味。最后闻嗅叶底香并倒入叶底盘中，审评叶底。结果以第二次冲泡为主要依据，综合第一、第三次统筹评判。

（3）柱形杯审评法　适用于红茶、绿茶、黄茶、白茶、乌龙茶、黑茶（散茶）、花茶、紧压茶、袋泡茶、粉茶。

1）红茶、绿茶、黄茶、白茶、乌龙茶。取茶样3克置于柱形审评杯中，注满沸水同时加盖，盖子上的小孔对着杯子把手的位置，开始计时。绿茶浸泡时间为4分钟；红茶、黄茶、白茶、乌龙茶（条形、卷曲形）浸泡时间为5分钟；乌龙茶（圆结形、颗粒形）浸泡6分钟后，将茶汤沥入审评碗中，按汤色、香气、滋味、叶底逐项审评。

2）黑茶（散茶）。取茶样3克置于柱形审评杯中，注满沸水，加盖浸泡2分钟后，将茶汤沥入审评碗中，审评汤色、嗅杯中叶底香气、尝滋味后，进行第二次冲泡，5分钟后沥出茶汤，依次审评汤色、香气、滋味、叶底。汤色以第一泡为主评判，香气、滋味以第二泡为主评判。

3）黑茶（紧压茶）。取茶样3克置于柱形审评杯中，注满沸水，依紧压程度加盖浸泡2分钟后，将茶汤沥入审评碗中，审评汤色、嗅杯中叶底香气、尝滋味后，进行第二次冲泡，5分钟后沥出茶汤，依次审评汤色、香气、滋味、叶底。结果以第二泡为主，综合第一泡进行评判。

4）花茶。拣除茶样中的花瓣、花萼、花蒂等花类夹杂物，取净茶样3克，置于柱形审评杯中，注满沸水，加盖浸泡3分钟后，将茶汤沥入审评碗中，审评汤色、香气（鲜灵度和纯度）、滋味；第二次冲泡5分钟，沥出茶汤，依次审评汤色、香气（浓度和持久性）、滋味、叶底。两次冲泡综合评判。

5）袋泡茶。取一茶袋置于柱形审评杯中，注满沸水，加盖浸泡3分钟后揭盖上下提动两次（两次提动间隔1分钟），提动后随即盖上杯盖，总共浸泡5分钟后沥茶汤入审评碗中，依次审评汤色、香气、滋味和叶底。叶底审评茶袋冲泡后的完整性。

6）粉茶。取0.6克茶样，置于240毫升的评茶碗中，用150毫升的审评杯注入150毫升沸水，定时3分钟并用茶筅搅拌，依次审评其汤色、香气与滋味。

（4）开汤审评　开汤后依次等速沥出茶汤再进行逐项审评，先嗅香气，快看汤色，再尝滋味，后评叶底（审评绿茶有时先看汤色）。

1）嗅香气：香气审评其类型、浓度、纯度、持久性。柱形杯嗅香气时，应一手持杯，另一手半揭开杯盖，靠近鼻孔轻嗅杯中香气持续2~3秒，随即合上杯盖，可反复1~2次。嗅香气以热嗅、温嗅、冷嗅相结合进行。热嗅（杯温约75℃）辨别香气纯异、类型；温嗅（杯温约45℃）辨别香气的高低、优次；冷嗅（杯温接近室温）辨别香气的持久程度。

2）看汤色：茶汤审评其颜色种类与色度、明暗度和清浊度等。不同的茶树品种、加工工艺和贮存等因素，都会影响汤色，任何茶叶汤色清澈透亮，表示品质好；混浊发暗，则品质相对较差。茶汤颜色易受空气中氧气影响，看汤色宜快。

3）尝滋味：茶汤滋味评其浓淡、厚薄、醇涩、纯异和鲜钝等。审评滋味时茶汤温度以50℃左右为宜，用茶匙取适量（5毫升）茶汤置于品茗杯中，通过吸吮使茶汤在口腔内循环打转，接触舌头各部位，才能正确全面地辨别滋味，可吐出茶汤或咽下。不同的茶类滋味的要求也不同，品质好的茶其口感都必须正常，无异味，回甘生津。

4）评叶底：叶底审评其嫩度、色泽、明暗度和匀整度（包括嫩度的匀整度和色泽的匀整度）。将冲泡过的精制茶倒入黑色叶底盘或审评盖的反面，乌龙茶倒入加了适量清水的白色搪瓷叶底盘中，让叶底漂浮起来。将叶张抻匀，铺开观察其嫩度、匀度和色泽的优次，以明亮嫩匀为好，以花杂、硬张为差。

3. 茶叶感官审评术语的含义

（1）茶叶的色泽　色泽包括干茶色泽、汤色及叶底色泽3个方面。茶叶中的各种色素成分物质主要有叶绿素、叶黄素、胡萝卜素、果胶、蛋白质、糖及茶多酚不同程度的氧化产物等。这些物质在茶叶加工过程中发生一系列化学变化，并通过科学控制，使各种成分的结构、含量沿着各类茶品质要求的方向变化，形成各茶类所需的色泽。不同茶类的干茶色泽也有区别，汤色通常由可溶于水的物质的颜色组成。

1）绿茶干茶色泽有嫩黄、嫩绿、翠绿、墨绿和黄绿等。名优绿茶干茶色泽多呈嫩绿、嫩黄色，这是由叶绿素含量组成比例引起的，叶绿素a呈深绿色，叶绿素b呈黄绿色。老叶中叶绿素a含量较高，所以用老叶制成的绿茶色泽呈黄绿或深绿。嫩叶叶绿素b含量较高，所以用嫩叶制成的绿茶色泽呈嫩黄、嫩绿或翠绿。绿茶加工时叶绿素破坏较少，茶多酚氧化程度适宜，就能保持绿的色泽。绿茶的汤色主要由茶多酚类物质的氧化程度所决定。茶多酚氧化适度，绿茶汤色绿亮；茶多酚氧化不足，绿茶汤色青绿；茶多酚氧化过度，绿茶汤色深黄或泛红。绿茶叶底色泽主要是加工过程中，叶绿素受到破坏变成脱镁叶绿素，与蛋白质结合而形成。

2）红茶干茶色泽要求呈乌润或棕红色、汤色红艳明亮、叶底红亮，这种色泽的形成主要取决于茶多酚的氧化产物茶黄素、茶红素和茶褐素的含量和相互间的比例。工夫红茶揉捻程度较轻，细胞破坏不完全，黏附在叶表面的茶汁相对较少，再加上揉捻时析出的蛋白质、果胶、糖等有机物质全部凝固于叶表，故呈乌润的色泽。红碎茶因细胞破碎率高，黏附在叶表面的茶多酚及其氧化产物含量多，故色多呈棕红色或红褐色。红茶的汤色红艳程度主要取决于茶多酚的氧化产物茶红素的含量，汤色的明亮度则由氧化产物茶黄素的含量决定。如果发酵程度过度或贮藏时间过长、含水量过高、受潮变质等，汤色会由红艳转为红暗，甚至似“酱油汤”，表明红茶的茶黄素含量降低，茶褐素含量增加。品质好的红茶，冲泡后的茶汤常在杯沿出现金黄色的“金边”，说明茶黄素含量高，收敛性强。水温10℃以下的红茶汤出现混浊，说明茶黄素与咖啡因结合产生一种大分子的络合物，这是红茶品质好的标志。红茶叶底的色泽是茶多酚的氧化产物与蛋白质缩合成水不溶性产物的结果。茶黄素、茶红素与蛋白质结合，叶底色泽呈红艳或红亮；茶褐素与蛋白质结合，叶底色泽呈暗红或暗褐。

（2）茶叶的香气　形成茶叶香气的成分是复杂的，香气物质在茶叶中的含量只占干物质的0.02%，却是茶叶品质评定的重要因子。据有关资料显示，到目前为止，已有700多种茶叶芳香物质被发现，鲜叶固有的香气成分只有53种，其余是在茶叶加工过程中形成的。不同的茶类，其香气组成及种类也有所不同，乌龙茶的香型种类较其他茶类更为丰富，绿茶中香气组成与鲜叶原料较为相似，白茶与红茶的香气组分在种类和数量上具有一定相似性。制约茶叶香气的因素也是多方面的，如茶树生长环境、茶树品种、采茶季节、芽叶嫩度及加工方法等。一般来说高山茶比平地茶香气好，中小叶种茶比大叶种茶香气好，嫩叶茶比粗老叶茶香气好，加工及时、原料新鲜的茶比闷堆时间过长和变质的茶香气好而清鲜。

茶叶中发现的香气成分，主要物质分为萜烯类衍生物、酯类衍生物、芳香族衍生物，以及含氮、氧、硫等的杂环类化合物。鲜叶中的芳香物质以醇类化合物为主，低沸点的青叶醇有强烈的青草气，高沸点的沉香醇、苯乙醇等，具有清香、花香等特性。而不同类别的茶叶香气类型也有所不同，主要是因为香气组分及其所占比例的差异，从而形成了特定的茶叶香型，有的是茶叶本身含有的，大部分是在加工过程中产生的。绿茶的感官香气类型主要为嫩香、嫩栗香、栗香和清香等；红茶香气主要为嫩香、甜香和花香等；乌龙茶香气主要为花香、花果香；黑茶香气主要为陈香和菌花香；白茶的典型香气特征为毫香；黄茶的香气特征为甜香和清香。

（3）茶叶的滋味　茶叶呈味物质主要是茶多酚及其氧化产物、茶黄素、茶红素、氨基酸、咖啡因、可溶性糖类、有机酸、水溶性蛋白质及芳香油等。其中有刺激性的涩味物质是茶多酚，苦味物质是咖啡因、花青素和茶皂素等，鲜味物质主要是氨基酸，甜味物质主要是可溶性糖和部分氨基酸，鲜爽物质是氨基酸、儿茶素、茶黄素和咖啡因的复合物。茶多酚是呈味的主体物质，茶多酚含量高的茶味浓，但未氧化的茶多酚含量过高则味青涩。茶多酚含量过低或茶多酚氧化过度，则茶味淡。茶多酚氧化产物茶黄素与咖啡因结合产生的络合物呈鲜爽味。氨基酸是组成茶叶鲜爽味的主要物质。嫩茶茶氨酸含量高，滋味鲜爽；春茶、名优茶、高山茶的氨基酸含量高，滋味清鲜爽口；夏茶、粗老茶的氨基酸含量低，故鲜爽味差。制绿茶的原料要求氨基酸含量高，茶多酚含量适当低些，即酚氨比小些，一般在7左右，成茶滋味鲜爽醇和。制红茶的原料要求茶多酚含量高些，即酚氨比高些，一般在10以上，成茶滋味浓强。组成茶味的成分还有花青素、糖类、果胶、维生素C和无机盐等物质，它们呈苦味、甜味、酸味、咸味。多种呈味物质的配比及不同含量、不同配比的关系形成了各种茶类特有的风味，如浓醇、鲜醇、醇和、苦涩、青涩、甜醇及浓强鲜等。

（4）茶叶的形状　干茶形状术语：显毫，茸毛显露，茸毛含量特别多；锋苗，芽叶细嫩，紧卷而有尖锋；身骨，茶身轻重；重实，身骨重，茶在手中有沉重感；轻飘，身骨轻，茶在手中分量很轻；匀整、匀齐，上中下三段茶的粗细、长短、大小较一致，比例适当，无脱档现象；脱档，上下段茶多，中段茶少，三段茶比例不当；匀净，匀整，不含梗朴及其他夹杂物；挺直，光滑匀齐，不曲不弯；弯曲、钩曲，不直，呈钩状或弓状；平伏，茶叶在盘中相互紧贴，无松起架空现象；紧结，卷紧而结实；紧直，卷紧而圆直；紧实，松紧适中，身骨较重实；肥壮，芽叶肥嫩身骨重；壮实，尚肥嫩，身骨较重实；粗实，嫩度较差，形粗大而尚重实；粗松，嫩度差，形状粗大而松散；松条、松泡，卷紧度较差；松扁，不紧而呈平扁状；扁块，结成扁圆形或不规则圆形带扁的块；圆浑，条索圆而紧结；圆直，条索圆浑而挺直；扁条，条形扁，欠圆浑；短钝，茶条折断，无锋苗；短碎，面张条短，下段茶多，欠匀整；松碎，条松而短碎；下脚重，下段中最小的筛号茶过多；爆点，干茶上的突起泡点；破口，折、切断口痕迹显露。

3.1.3 紫砂茶器的选购知识

紫砂茶器从明代开始流行，一开始就有很高的艺术价值与市场价值，在使用时也有保温、留香等优点，是茶道中最受欢迎的茶器。紫砂茶器主要产于宜兴，其他如建水紫陶、坭兴陶、潮汕陶也都属于紫砂范畴。

1. 紫砂茶器的材质

宜兴的陶土品种繁多，分布于宜兴南部丘陵山区。丁山、张渚、渚东为主要产地。当地一般把陶土分为白泥、甲泥和嫩泥三大类。白泥是一种灰白色为主颜色的粉砂质铝土质黏土；甲泥是一种以紫色为主的杂色粉砂质黏土（通称页岩），未经风化，又叫石骨，材质硬、脆、精；嫩泥则是一种以土黄色、灰白色为主的杂色黏土，材质软、嫩、细。宜兴陶都所产的各种天然陶土，不论是甲泥或嫩泥，都含有多量的氧化铁。含量多的在8%以上，含量少的也在2%左右。又因各种甲泥和嫩泥含铁量多少不同，泥料经过适当比率调配，再用不同性质的火焰烧可以呈现颜色深浅不一的黑、褐、赤、紫、黄、绿等多种颜色。这就是紫砂壶呈现各种瑰丽色泽的原因。

宜兴陶土是宜兴制陶业的主要原料，种类繁多，但从来没有经过明确的分类，有冠以产地而命名的，如本山甲泥（黄龙山矿区所出产的陶土统称为本山泥）、东山甲泥、香山嫩泥、南山白泥等；有根据产地结合外观色泽加以区别的，如本山紫泥、本山绿泥、本山红棕泥等。最通常的是按陶土的硬度和可塑性等特征来区分的，习惯上分为甲泥、白泥、嫩泥三大类。三类泥料中，均有用于制作紫砂壶的精品泥料。

1）甲泥，旧时多写成“夹泥”，因其深埋于山腹石英砂岩的夹层中而得名。按产地的不同，分别冠名为本山甲泥、平原甲泥、杨店甲泥、林场甲泥、涧坞甲泥等。甲泥是宜兴陶土中蕴藏量最丰富的陶土，占宜兴陶土总量的83%。丁蜀镇的黄龙山（即本山）是宜兴甲泥主要产区，其次是湖滏镇均山坞等。

甲泥是一种以紫色为主的杂色粉砂质黏土（通称页岩），外观以紫色为主，又呈浅紫色、暗紫色、灰紫色、紫红色、蓝紫色、绿色、灰绿色、青白色、浅灰色等多色，斑点状含泥粉砂岩构造，粉砂质泥岩结构。甲泥矿体呈多层状、多色种分布，矿质不纯，间有碎石、沙砾等。甲泥可塑性较好、结合能力强，可以制作任意大小的批件（壶的部件），部分具有高可塑性，多数则属中可塑性。甲泥也常用来生产大件陶质产品和注浆产品。

2）白泥是一种以灰白色为主色的粉砂质黏土。可能一般人都会认为白泥原矿都呈白色，其实通常以灰白色为主，还有青白色、炭黑色、灰黄色、淡红色等，烧成陶又有呈灰白色、灰黄色、淡红色的。统称其为白泥，主要是因为性能大致相同。白泥原矿为片状或块状构造，粉砂质泥质结构，致密不坚硬，具有滑感。白泥主要矿物成分为水云母、叶蜡石、高岭土、石英及云母碎屑、游离铁等。白泥与甲泥相比，泥质细腻，颗粒较细，可塑性和结合能力较好，但是沙性较重，属中高可塑性黏土。白泥被广泛用来制作砂锅、日用器皿及美术陶瓷等。

3）嫩泥属沉积风化形成，矿体分布接近于地表，通常情况下，分布在山表红色黏土层的下面，适宜露天开采。嫩泥是一种以土黄色、青白色为主的杂色黏土，属于黏性砂质页岩。主要矿物成分为水云母、高岭土、多水高岭石、石英，杂质成分有铁质及云母碎屑等。

嫩泥颗粒细，黏性好，具有良好的可塑性与结合能力，属高可塑性黏土；成型性能及干坯强度良好；收缩率大，烧成温度相对较低，烧结范围较窄。嫩泥是宜兴制陶业常用的结合黏土。紫砂陶土中的嫩红泥或朱泥类泥料多数夹杂在嫩泥矿层中。

2. 紫砂茶器的器型

器型是紫砂茶器深受欢迎的重要因素之一。紫砂器型有多种分类方法，按器型装饰有光货、花货、筋瓤货，按几何图形有圆器、方器、形体等。光货包含圆器与方器，花货与筋瓤货都属于形体。

1）圆器造型主要由各种不同方向和曲度的曲线组成。紫砂圆器讲究肌理丰盈、骨肉亭匀、比例协调、敦庞周正、转折圆润、隽永耐看。掇球壶、仿鼓壶、汉扁壶是紫砂圆器造型的曲型作品。圆器的造型规则要求是“圆、稳、匀、正”。它的艺术要求是肌理丰盈，口、盖、的（壶盖钮）、嘴、把、肩、腰的配置比例要协调和谐、匀称流畅，达到无懈可击，致使器型上的尺度要求为“柔中寓刚，圆中有变，厚而不重，稳而不笨，有骨有肉，骨肉亭匀”。图 3-1 所示为现代圆形紫砂壶。

图 3-1　现代圆形紫砂壶

2）方器造型主要由不同的直线组成，如四方、六方、八方及各种比例的长方形等。方器造型方中藏圆，线面挺括平正，轮廓线条分明，给人干净爽利、明快挺拔之感。历来有良多精彩的方器造型，如四方壶、八方壶、传炉壶、觚棱壶、僧帽壶等造型。方器造型规则要求为“线条流畅，轮廓分明，平稳庄严”，以直线、横线为主，曲线、细线为辅，器型的中轴线、平衡线要准确、匀挺、富于变化。方器除口、盖、把、嘴应与壶体相对称外，还要做到“方中寓圆，方中求变，口盖划一，刚柔并济”，使壶体不论四方、六方、长方、扁方等壶型，其壶盖方向均可任意变换，并与壶口严密吻合。方器既为几何形体，也属筋纹形体。

3）塑器造型一般称为“花货”，是对雕塑性器皿及带有浮雕、半圆雕装饰器皿造型的统称。将日常所见的各种形象和各种物象的形态通过艺术手法，设计成器皿造型，如将松竹梅等形象制成各种树桩形造型，或者是在圆器及方器选型上运用雕、镂、捏塑等手法，将形体变化为造型的部分，如壶的嘴、把、盖、钮，或者是在造型的显见部位施以简洁的堆雕装饰。壶体上这些堆雕，要求宁简勿繁，做到主次分明，以达到视觉上的和谐与平衡。这种壶艺造型规则是“源于生活，而高于生活，造型不仅应具有适度性的艺术夸张，又应着意于风格洒脱”。如以松竹梅为装饰题材时，劲松要刻划出枝干劲拔，针叶挺拔，气魄铿锵；秀竹则要求娴静有致，俊逸洒脱；冬梅又须主干苍劲，寒中独俏，素枝闲花，以简为主，达到疏中见密、少里寓多、富有活力的艺术效果。所以，紫砂塑器不仅应形象生动、构图简洁，而且应巧妙地利用紫砂泥料的自然光彩来增强其艺术效果。

4）筋纹器造型的特点是将形体的俯视面作若干等份，把生动流畅的筋纹组织于严密的结构之中。这是从生活中所见的瓜棱、花瓣、云水纹等创作出来的造型样式。因此，筋纹器选型不仅在造型侧视面上寻求变化，其俯视面上的形象更吸引人。筋纹器造型纹理清晰流畅，口盖准缝严密，是艺术与技术的高度统合。筋纹器形体是从砂器早期的六方形壶的基础上发展而来的。筋纹器壶艺造型规则是“上下对应，身盖齐同，体形和谐，比例适当，纹理清楚，深浅自如，明暗分明，配置公道”。大多数这类壶艺均要求口、盖、嘴、的、把都必须做成筋纹形，与壶身的纹理相配。这也使得壶体与壶盖结合上要精密。每一等份、每一壶口半圆线、弧线等都要计算好。近代常见的筋纹器造型有合菱壶、半菊壶等。

紫砂壶发展史上出现了很多经典的器型，如水平壶、大彬提梁壶、东坡提梁壶、汉方壶、孟臣壶、西施壶、掇球壶、秦权壶、石瓢壶（图 3-2）、井栏壶（图 3-3）等，从器型的大小来说，大彬提梁壶、东坡提梁壶、汉方壶都比较大，可用作烧水壶；水平壶、西施壶、孟臣壶等器型较小，可作泡茶用壶。

图 3-2　石瓢壶

图 3-3　井栏壶

3. 紫砂茶器的使用

从使用的角度来说，一把好的紫砂茶器应该看色泽、质感、大小、轻重、器型。

（1）看色泽　在选择时，不能选择颜色过于鲜艳的，以免有损茶艺的意境。紫砂茶器的色泽温润，在使用的过程中，紫砂茶器经过手的摩挲与茶水的浸渍而日渐光润。具体颜色的选择要根据茶席上茶器色泽的搭配而定。

（2）看质感　茶器握在手中，轻重、粗糙与细腻等都会影响茶艺师的水平发挥。好的紫砂土含有相当比例的砂质，摸上去手感舒适，与肌肤接触感觉很温润。而一些劣质的紫砂茶具表面看起来光滑，抓在手里就会感觉很涩腻。紫砂茶器的质感也可以通过声音来判断。

正品声音清脆，劣品声音发闷。正宗的紫砂茶具经人工制作而成，需要制作者多次捶击、整压，因此，烧制成型后敲击的声音比较清脆。劣质的紫砂茶具一般泥料未经挤压，也未经艺人的手工制作，因此缺少情韵，敲起来声音会发闷。

（3）大小、轻重　不同茶艺师手的大小与力量不一样，所适合的茶器也不一样。男性茶艺师手大，力量也大，可以用大一些重一些的壶；女性茶艺师手小力弱，可以用小一些轻一些的壶。

（4）器型　器型要看两个方面，一是看风格，阳刚一些的器型适合男性使用，如秦权壶、石瓢壶，柔美一些的器型适合女性使用，如美人肩、西施壶、水平壶等；二是看器型的端正、壶盖的严实、壶嘴出水流畅，以及壶身小的细节上没有破损瑕疵。挑选器型时要用沸水来试壶，壶盖的严实度、出水的流畅度都可以很明显地看出来。

3.1.4　瓷器茶器的选购知识

1. 瓷器茶器的色彩选择

瓷器茶器色彩丰富，应用于不同茶叶、茶艺风格及茶席设计，都应随情境而变。在选择瓷器茶具时，应观察瓷器茶具的釉色。对于素净的纯色瓷器，在选购时应观察瓷器釉面是否平整光滑，有没有斑点、落渣、缩釉等缺点；对于彩瓷茶具，选购时应看釉色是否均匀，色彩是否和谐，花纹的线条是否连贯；如果选购整套瓷器茶具，首先应该仔细观察每一件瓷器，然后还要观察整套茶具的釉色、花纹、光泽度是否协调一致，并把整套茶具放在同一水平面上，看整体是否周正平稳。

（1）青瓷茶器　青瓷以瓷质细腻、线条明快流畅、造型端庄浑朴、色泽纯洁而斑斓著称于世。早在商周时期就出现了原始青瓷，历经春秋战国时期的发展，到东汉有了重大突破。三国两晋南北朝后，南方和北方所烧青瓷开始各具特色。南方青瓷，一般胎质坚硬细腻，呈淡灰色，釉色晶莹纯净，常用类冰似玉来形容。北方青瓷胎体厚重，玻璃质感强，流动性大，釉面有细密的开片，釉色青中泛黄。青瓷色调的形成，主要是胎釉中含有一定量的氧化铁，在还原焰气氛中焙烧所致，适合用于冲泡绿茶，更能显出茶汤莹碧。但有些青瓷因含铁不纯，还原气氛不充足，色调便呈现黄色或黄褐色，这样的茶碗用来盛绿茶汤就不太好看。现代市场上常见的青瓷有天青、梅子青、影青等。

（2）白瓷茶器　白瓷也是画作及烧制色瓷的基础瓷，是五彩瓷、青花瓷、斗彩瓷最好的底背基础瓷。白瓷茶具（图3-4）具有坯质致密透明，上釉、成陶火度高，无吸水性，音清而韵长等特点。因色泽洁白，能反映出茶汤色泽，传热、保温性能适中，加之造型各异，绘画之后色彩缤纷，堪称饮茶器皿中之珍品。

图3-4　白瓷茶具

（3）黑瓷茶器　说是黑色并不很准确，实际上的颜色有黄黑、青黑、蓝黑等。黑釉茶器在宋代以前是作为低档茶具存在的，但从宋代点茶法流行后，黑釉茶盏（图 3-5）就成为点茶法中最上等的茶器了，具体的产地有建州窑、吉州窑、鼎州窑等。黑釉茶盏在使用上有一定的局限性，用于乌龙茶、黑茶的饮用是可以的，但用于绿茶、红茶的饮用则有碍观赏茶汤。黑釉的茶壶用作煮水壶比较常见，水盂用黑釉的也很合适。

（4）彩瓷茶器　彩瓷茶器是在白瓷的基础上制作而成，有釉上彩、釉中彩、釉下彩三类。从审美角度来说，三类彩瓷各有特点，但作为饮食器具来说，釉上彩有毒素，不宜用作茶器，尤其不宜使用盏内施彩的茶盏。从审美风格上来说，有青花、粉彩、百花不落地等。"百花不落地"指的是将粉彩与金彩结合，各色花朵将整个画面填满，不露出瓷底，也不露出花朵的枝干。百花如同天女散花，浮于空中，故称"百花不落地"。百花不落地绘饰手法属于粉彩的一种，粉彩（图 3-6）是康熙时代形成的，画面繁缛，极尽工巧，衬托出器物本身的雍容华贵，强烈的视觉冲击表现出了极大的美感。

图 3-5　江西吉州窑黑釉茶盏

图 3-6　粉彩提梁茶壶

2. 瓷器茶器的应用选择

首先，茶器上不能有裂纹。瓷器表面施釉，瓷胎上如有细小的裂纹肉眼是发现不了的。还有些开片的瓷器，釉面上本有裂纹，但并不表示瓷胎上有裂纹。因此在选购瓷器茶具时，应听敲击茶具发出的声音。方法是用中指和食指的指尖轻轻敲击茶具表面，如果敲击的声音清脆悦耳，则说明该瓷器茶具瓷化程度好并且没有损伤；如果声音沉闷沙哑，即可能是有裂纹。有裂纹的茶器如果本身温度较低，冲入热水，会明显听到开裂的声音。

其次，茶器光洁不划手。选购瓷器茶具时，要抚摸茶具表面。质量好的瓷器茶具釉面光滑不涩，摸上去柔滑细腻。大部分情况下，瓷器的釉面是光洁的，但圈足、口沿等部分可能会有打磨不细致的情况，手感不光滑，放在桌面上容易留下划痕。

最后，器型要端正。器型端正有两个方面的意思：一是指形状，要对称，如果做得有些歪斜，则会影响使用；二是指造型，要中正，符合中国人的传统审美，不可怪异。唐宋元明清瓷器的造型大多有三个来源：一是源于先秦时期青铜器的造型；二是源于花鸟果菜的造型；三是源于中亚、西亚地区传来的器物造型。另外，还有器型大小的问题，做八宝茶的盖碗要大一些，用来泡乌龙茶的盖碗就要小一些，泡茶用的壶要小一些，煮水用的壶则要大一些。

3.1.5 不同茶具的特点及养护

1. 紫砂壶的使用与养护

（1）开壶 新的紫砂壶在使用前要先开壶，所谓开壶就是去掉新紫砂壶的尘土气味。一般来说，新壶用开水冲洗几遍就可以去掉尘土气，如果为了让壶在使用时更有益于茶汤，也可将紫砂壶放在盆中，加相应的茶叶煮1小时左右，待盆中水自然冷却，取出壶用清水冲洗干净，再用软布擦干。所谓相应的茶叶，意思是如果那把壶以后是准备泡红茶的就用红茶来煮，如果是准备泡岩茶的就用岩茶来煮。

（2）使用 紫砂茶具比一般的陶器质地细密，但还是有孔隙，会吸收茶水的色香味，因此在使用时注意不要将不同种类的茶放在一个壶中冲泡，以免串味，但也不需要一茶一壶。如果用来泡绿茶，同一把壶就可以；如果泡乌龙茶，闽南乌龙、闽北乌龙和广东乌龙应各用一把壶；熟普、六堡茶、安化黑茶也应各用一把壶来冲泡；小种红茶和滇红茶风味厚重，应单独用一把壶，其他的工夫红茶则可共用一把壶。紫砂茶具不用时应放于空气流通处，不能放在高温闷热的地方或将其包裹、密封，也不宜使其接触油污，要保持紫砂茶具的结构通透。泡茶时，应先“润壶”，可以用沸水浇壶身外壁，然后再往壶里冲水。

（3）保养 茶壶用后，要用沸水冲洗干净，再用棉布擦拭壶身。不要将茶汤留在壶内，以免生霉污染茶壶，壶身上的茶渍也要及时清理，否则时间久了会堆满茶垢，影响紫砂茶具的品相。茶壶清理完后，不要将壶盖紧紧地盖住，要让壶中水汽散去，保持壶内干爽，免生异味。长时间不用的紫砂壶也要定期用沸水润一下，然后擦干，经常擦拭，紫砂壶的光泽会越来越温润，但不要用油手摩挲，以免污染茶壶。如果茶壶因清理不及时而生霉有异味，注意不要用清洁剂去清洗，可用沸水反复煮泡，用软布擦净，晾干，至无异味时即可。

2. 瓷器的使用与养护

1）轻拿轻放。瓷器易碎，日常应轻拿轻放，避免不必要的碰撞。这些碰撞既包括器皿之间的碰撞，也包括清洗器皿时与水池的碰撞。

2）瓷器因为有釉，比陶器容易清理，但如果清洗得不彻底，也会在釉面上留下茶渍。所以，瓷器茶具每次用后也都要及时清理干净，宜使用材质柔软细腻的清洗布，材质粗糙的清洗布可能会对瓷器光滑的表面造成损伤。如果污渍难除，可以用柔软的清洁布蘸醋擦拭，或用干净的软毛牙刷蘸醋、盐混合成的溶液轻拭即可。

3）哥窑等开片的瓷器如果经常加热容易开裂破损，其他的瓷器茶具很多也不适宜放入微波炉或消毒洗碗机中，温度过高容易导致破裂。也不能直接放在火上或电陶炉上加热，不能将热杯直接浸入冷水，温度骤变易损伤瓷器。

3. 金属茶具的使用与养护

1）材质选择。金属茶具有金、银、铜、铁、锡、不锈钢等材质，泡茶时，要根据需要来选择。金银性质稳定，因此金银材质的茶具用来冲泡任何茶都不会影响茶汤；铜、铁、锡则可能会影响茶汤的口感与色泽，因此古人将用这类茶具冲煮的茶汤称为缠口汤。但也不是全不可用，金属茶具在使用时不可有锈迹，其中的铁器茶壶若是经常煮水，表面会有薄薄一层水垢，再拿来煮水不容易出现铁腥味。古人说茶宜锡，但很多锡茶具铅的含量较高，会影响人体健康。

2）金属茶具传热较快，容易烫手，因此要有一些防护措施，或者在把手上装上竹木把，或者用一个专门的叉子来取壶盖。金属茶具使用后要及时烘干或擦干，在干燥的地方存放，以免生锈。

3）金属茶具易氧化，不仅是铜铁茶具，即使是金银茶具时间久了也会失去原有的光泽，所以需要经常用软布擦拭以保持其光泽度。在清洗时一般不要用腐蚀性的洗涤剂，以免损伤茶具。使用后要及时清洗，因为茶渍也会对金属产生腐蚀，尤其是铁器与铜器，很容易留下茶渍。

4. 其他材质茶具的使用与养护

（1）漆器茶具　要注意环境恒定，漆器一般来说不会受茶汤的影响，但当温度与湿度变化较大时，漆器茶具容易变形开裂，阳光曝晒也会变形、断裂；轻拿轻放，不要将漆器茶具与其他坚硬、锐利的物体摩擦或碰撞，以免造成损伤；漆器表面沉淀灰尘要经常用棉纱布擦拭，以保持清洁美观。

（2）竹木茶具　要注意温度恒定，尽量避免冷热温度的骤变，特别是竹质茶具，骤冷骤热的刺激易产生爆裂，所以，竹木茶具在使用前应先用热水温润；湿度适中，长期处于潮湿的环境中竹木茶具容易出现发霉、腐烂等情况，而长期处于干燥的环境也会令其变形干裂；经常清洗、定期清洗，避免在冲泡之后，茶具中残留的水分或茶渣对茶具的腐蚀。

（3）琉璃茶具　也包括各种玻璃茶具。光面无花的玻璃茶具要注意经常清洗并用软布擦拭，以保持清洁明净；表面有雕刻图案的玻璃茶具要经常用软毛刷来清理花纹间的灰尘污渍；较厚的玻璃或琉璃茶具在冬天使用时不要骤然冲入沸水，以免炸裂，煮水用的玻璃壶要防止干烧炸裂。

3.2 营销服务

中国茶源远流长，从药用、食用到饮用走过了四五千年。从农耕时代进入工业化时代，人们的思维习惯和生活、生产方式都发生了翻天覆地的变化，茶还是那个茶，但消费茶的人群已经改变了。在卖方市场下，茶业企业以生产为主，重在提高生产效率；现代社会早已进入买方市场，茶业企业的经营管理模式也有了很大的变化。

3.2.1 茶馆营销基本知识

1. 茶馆的定位

茶馆的定位是指在对本地区茶馆的经营情况进行充分调研之后，确定茶馆的经营品位。这样的定位包括两个方面，其一是文化定位，其二是市场定位。

（1）文化定位　与茶馆服务对象的文化素养有关，在新茶馆开业前及老茶馆的经营过程中，应该对茶馆所处地域人群的文化层次与文化背景进行一番调查，然后再确定茶馆的经营方向。

文化层次主要是指该区域人群的平均受教育程度，一般来说，受教育程度越高，对于茶馆之类的休闲场所的接受程度也越高。如果当地的文化层次较高，茶馆可定位在文化品位较高的茶艺馆、个性茶馆、仿古茶馆等类型上；如果当地人群的收入较高，但文化层次及品味一般，那么，清茶馆一类清雅的环境、优雅的服务可能就不适合了，而可以打牌、打麻将、下棋的棋茶馆、茶餐厅就比较合适。

文化背景主要指的是消费群所属的文化圈。还可以按所从事的职业来划分，如工商界、娱乐界、教育界等。人群的文化背景并没有截然的区别，相互之间有融合。

在西方人较多的场合，东方风情的茶馆最多就是一道风景，不是日常生活的场所。日本、韩国受西方文化的影响很大，许多年轻人更喜爱咖啡馆的情调。东南亚地区与中国对茶馆的接受度最高。大中型城市对时尚较为敏感，茶馆之类环境较为清幽的场所容易找到它的消费群，而在中小型城市，容易被人接受的是茶餐厅与可以打牌的棋茶馆。异国情调的茶馆在外国人较多的环境里容易生存，日本的茶道馆的主要消费群肯定是日本人。

（2）市场定位　要根据当地茶馆业及相关饮食业如咖啡馆的分布、经营情况，结合文化定位来选择适合自己的市场位置。将消费者按不同的需求、消费特点和购买能力划分为不同的消费群体，这是市场划分的第一步，接着还要对地理位置进行划分，因为在城市里，不同地理位置上聚集的人群有着相对固定的消费特点。充分的市场调查是所有行业成功的第一步。市场调查的内容是行业的资讯和消费者的消费趋向，可以采用资料分析和实地调查相结合的方法。

1）资料分析法：首先通过行业内部资料分析以往的营业过程中，什么类型的茶馆、什么风味的茶食更受客人欢迎。还要对行业发展的外部环境资料进行分析，具体包括相关行业的情况和政策法规。在饮食企业中，茶馆的文化味道相对要浓厚得多，因此，对于地方上的一些相关的文化动向也要留意。

2）实地调查法：资料分析所得出的只能是以往的情报，对于当前的情况还需要进行实地调查，大致可分为问卷调查法与实地观察法。问卷调查是常用的社会调查方法，是最直接、最有效的调查方法。通过向区域消费者发出问卷来了解消费群体的结构、需求。实地观察包括计算十字路口的人车流量，对意向中的候选地址周边环境进行考察。具体考察内容有：人流量大小、有无泊车位、周围类似店铺的经营状况、与周边类似店铺的距离等。实地观察易受外界因素的影响，准确度不是太高，一般可作为其他调查结果的印证材料。

3）分析调查结果：包括宏观与微观两个方面。宏观方面包括本行业和相关行业的运营动向，对相关行业的分析尤其重要，它影响着茶馆的经营内容与方向。微观的包括对顾客、商品与竞争对手的分析，还包括对经营者自身知识、能力、特长、经济状况、性格的分析。

2. 市场需求与茶馆的茶叶调配

茶馆自然应当以茶为核心，这样才能体现出茶馆的特色，事实上茶也是茶馆最主要的收入来源。有些茶馆的老顾客对红茶与乌龙茶、普洱茶的区别不太了解，这种情况责任完全在茶馆一方，可能是茶馆的经营者觉得，如果顾客掌握太多的茶叶知识会让茶馆的价高质次的茶叶销售不掉，越是如此，顾客越不敢在这里放心消费。这种情况下，要通过茶叶知识的推介，让顾客学会欣赏高档的茶叶，掌握鉴赏茶叶的知识，才会放心地消费高档茶叶。对于茶叶的推介要有重点、成系列，可以按茶叶类别来推介，也可以按茶叶的特点来推介。

（1）按茶叶类别推介　对于新开张的茶馆或不熟悉茶叶的顾客，可以先进行茶叶知识的普及宣传，让顾客对茶叶的基本知识有一定了解。教顾客鉴别茶叶的过程其实就是茶叶的推销过程，顾客通过学习，知道了各类茶叶的特点，知道了名优茶与普通茶之间的差别，就可以根据自己的实际情况来决定消费什么档次的茶叶了。

（2）按茶叶特点推介　中国茶叶的品种很多，即使是专业的评茶师可能也无法全部识得，顾客也就更不可能做到。对于茶叶基础知识有一定了解的顾客，可以着重向他介绍不同茶叶的品质特点，以及茶叶与季节和人的体质之间的关系，使顾客在品茶休闲的同时，也会从季节、健康状况及茶与食品的搭配角度来选择茶叶的消费，从而避免了顾客低价消费“孵茶馆”的情况。茶叶基本上可分为凉性与温性两大类，茶馆对它们的推介就应当与季节联系起来，春、夏季重点推介凉性的绿茶，秋、冬季重点推介温性的红茶、普洱茶。也可按茶叶的香型来向顾客推介。

（3）按消费热点来推介　每个时期的市场都有消费热点。现代茶馆刚刚兴起的时候，市场上最受欢迎的是铁观音，之后陆陆续续普洱茶、安化黑茶、武夷岩茶、凤凰单丛、正山小种等都引领过一段时间的消费潮流。现在，不同城市对于茶叶的消费热点是不一样的，即使是同一城市的茶馆，面向的客户群不同，茶叶的消费热点也不一样，消费正进入多元化时期。因此，每一家茶馆都要根据自身所处的位置与面向的消费群体来确定自己的消费热点。

3. 市场需求与茶馆的茶具营销

茶具在市场上有两个大类：自用茶具与礼品茶具。自用茶具对于档次的要求因人而异，对于包装则不太讲究；礼品茶具对于品质有一定的要求，对包装的要求也高一些。

（1）货架陈列　这是茶具营销最直接的方式。根据茶馆的风格，货架可以是博古架，也可以是简约的商场货架，还可以是场景式陈列。博古架是茶馆最常用的货架，架上的空间高低大小不等，可以把茶具按大小摆放在货架上；商场货架空间对摆放的茶具没有大小的要求；场景式陈列是将茶具按使用的或观赏的场景设定来摆放，客人一见便知这些茶具搭配的方式。无论是哪种陈列方式，都要注意将茶馆重点推介的茶具放在客人视线范围以内，1.2~1.8米高度为宜。

（2）应用示范　茶具摆放在货架上静态陈列对于顾客来说装饰效果更大一些，不了解茶艺的顾客往往难有购买的欲望。这时，如果茶艺师用来为顾客泡茶的茶具正是货架上陈列的茶具，对于顾客来说，就有了功能及用法的示范意义。经过训练的茶艺师在事先设计好的茶席上为顾客泡茶，还会将茶具的意蕴演绎出来，将顾客带入一种艺术情境中，因而引发购买欲望。在自媒体发达的今天，茶馆也可将茶艺过程拍成视频或图片，在互联网上播放，以吸引更多人的注意。

（3）茶具代购　茶馆因规模、资金的影响，可能不会预备很多茶具，但茶馆因商业关系可以购到低于市场价的优质茶具，因此也可以为顾客代购茶具，赚取差价。

（4）茶具保养　顾客中有对茶具感兴趣的，但缺少保养知识，或者没有时间来保养，可以委托茶馆进行保养。这一服务通常是免费的，但如果顾客委托的茶具价值较高，茶馆在保管时会有一定的风险，就应该向顾客收取一定的费用。这种做法为一些日常工作较忙的顾客解决了茶具保养的问题。

（5）茶具知识推广　茶具有其相应的历史、文化及生活应用知识，不同茶具对应的茶叶、生活场景及艺术审美是不同的。如建盏与青瓷、白瓷的审美不一样，在茶叶品饮中的应用也是不一样的。茶馆可以经常举办一些小型的沙龙来分享茶具知识，除了有引导顾客消费的作用，还可以增加顾客的忠实度。

3.2.2　茶馆消费品配备

1. 消费品的种类

茶馆的消费品包括饮食产品、低值易耗品两大类。低值易耗品有餐巾纸、牙签、小蜡烛、火柴等。低值易耗品在一个茶馆内的配置是基本固定的，它的消耗只会与顾客的多少有关，与其他的因素关系不大。因此，我们着重要关注的是饮食产品的消费。饮食产品包括饮品类与食品类。

（1）饮品类　茶馆的饮品除了茶叶，还有饮用水、果汁、牛奶、咖啡、功能饮料、碳酸饮料、酒精饮料等。近些年来，有的茶馆在茶饮调配中引入更多的元素，如在茶中加某些酒来调配。除了上述的饮品以外，还有些茶馆会自制一些果汁、热饮之类，以供不同消费者的需要。饮品的丰富度与茶馆经营风格有关。

（2）茶食类　茶食按商品类型大致可分为瓜果类、糖果类、点心类和卤品类。瓜果类有瓜子、花生、开心果、腰果、枣、栗子、梅子、山楂、橄榄、菱角、鸡头米、藕、柚子等；点心类有云片糕、米糕、橘糕、核桃酥、凤梨酥、桃酥、茶馓、包子、饺子、元宵、粽子、麻团、布丁、蛋挞等；糖果类有贡糖、花生糖、董糖、炒米糖、芝麻糖、牛皮糖、果脯、蜜饯等；卤品类有豆腐干、素鸡、素烧鸭、五香肉干、卤凤爪、卤鸭掌、卤排骨等。

茶馆以茶为主，茶点与茶食是增加品茶趣味的重要配料，一般要根据茶饮的特点来搭配。一般来说，茶点是指配茶的点心，而茶食是指配茶的小食品，也包括一些简餐，为了叙述的方便，下面统称为茶食。茶食应精致、简洁，以素食为主，也可用少量的荤食；以香气内敛者为佳，不要用现烹现点的“大制作”菜肴，以免模糊了茶馆的形象。

2. 季节与消费品的配备

（1）茶叶在不同季节的配备　有两种方法：一是按上市时间来配备，尤其是绿茶，时效性很强，要在新茶上市的第一时间就配备上；二是按茶的风味与季节的搭配度来配置，夏季除绿茶外，可以配些花茶，秋季可以配乌龙茶与白茶，冬季可以配陈皮、红茶、熟普之类。这样的配备并不是标准，我国幅员辽阔，南北东西的差异很大，需要因地制宜。

（2）茶食与季节的搭配　茶的味道四季不同，人的体质四季有别，茶食自然也要因季节而异。春季草长莺飞，茶食也要选用色彩鲜艳的品种；夏天的茶食应以清淡为主，不宜选用饱腹感强的茶食；秋季落叶的静美体现在茶食上应是色彩的素雅；冬季的茶食味道要浓厚些，但也不宜太辣太咸。一般来说，茶食可以与任何茶饮搭配，但有一些特定搭配更衬出茶饮的丰富滋味。通常认为甜食可用来搭配绿茶，酸甜味的茶食可用来配红茶，咸香味的茶食可用来配乌龙茶，即通常所谓的“甜配绿、酸配红、瓜子配乌龙”。

（3）与盛装器皿的搭配　器皿并不是消费品，但会影响茶饮与茶食的感官效果，因此，在配备饮食时，也要考虑器皿。茶食的盛装器皿很有讲究，首先要与茶食的颜色搭配和谐，将茶食衬托得典雅、清新；其次，要使客人取食方便，不粘手，不掉屑。一般来说，黑白两种颜色较易搭配，黄色及绿色器皿也可以，蓝、紫色会影响人的味觉，最好不要选用。

3. 节假日与消费品的配备

节假日包括节令与假期。节令如立春、清明、谷雨、端午、中秋等，一年有二十四节气。中国人的民俗很多都与这些节令有关，在相关的节令会有相关的食物，如立春吃春饼、清明吃青团、端午吃粽子、六月六吃焦面、中秋吃月饼、冬至吃饺子、元宵节吃汤圆等。茶馆在相关节令的茶食选配时要注意应时配置。中国一年当中的法定假日有元旦、春节、清明、劳动节、端午节、国庆、中秋等，在这几天，茶馆的客人会比较多。因此，应对法定假日的消费品配置在品种与数量方面，要足够丰富。重要的节日往往是走亲访友的时候，茶礼是不可少的，茶礼的内容包括茶叶与茶食，茶馆需要准备好相应的礼盒。

大致上，茶馆应对节假日的饮食有以下几个特点。

1）简餐轻食。茶食基本上还是应该有休闲的特点，不适合选用分量较大的菜肴或点心，菜点的形制要小，不可油腻。

2）茶饮并重。茶馆的饮料除了茶还可以有其他类型饮品，尤其是在茶餐厅里。一般来说，茶餐厅的饮料除了酒精饮料外，其他的也都可以销售。

3）饮品开发。一是改变泡饮方法，热水泡茶是最传统的方法，热饮也是人们印象最深刻的饮用方法，如果对此加以改动就可以收到意想不到的效果，目前已有不少茶馆开始尝试用冷水泡茶，将热饮变为冷饮，这样的改动尤其适合夏季；二是改变茶饮的调配，菊花茶、牛奶红茶、炒米茶都是最传统的调饮茶。其实茶还可以和很多原料搭配，红茶加冰，然后用雪克壶摇出来的是泡沫红茶，还可以换成普洱茶、乌龙茶，红茶加香草冰淇淋可以调制出雪花红茶，还可以用鸡尾酒的制法来调配茶饮。

4）引入小吃点心。茶馆正常情况下餐饮生产能力不足，可引入市场上现成的小吃点心。具体的品种如扬州的包子、上海的南翔小笼包、广东的叉烧包、香芋酥、蛋挞、萝卜丝酥饼、茶饼、冰汁糕饼、各式卤水菜品等，也可借用餐馆的菜式，大菜小做。

3.2.3 茶事展示活动

茶事活动是指与茶馆的经营相关的各种活动，既有店堂内的活动，也有外场的活动，具体包括茶文化讲座、茶叶品鉴会、茶具鉴赏会、茶艺体验课程、茶宴、会展活动等。

1. 茶事活动设计

（1）外场服务　茶馆将平时在店堂里经营的茶艺活动移到店堂外，为一些客人提供外场茶艺服务。需要这一服务的多为一些社会机构，他们每年都会有一些接待、聚会活动，组织、设计这些活动需要大量的人力，如果委托有经验的茶馆不仅可以省下很多精力，也可使活动别具品味。

（2）茶文化讲座　作为弘扬茶文化的一个阵地，茶馆举办茶文化的讲座是再合适不过的了。这样的茶文化讲座要结合人们的兴趣点，以普及为主，尽量不要过于专业。诸如“鉴别茶叶质量”“紫砂壶收藏与鉴赏”“茶叶与健康”“名人与茶”“家庭茶艺”等都可以作为选题。这一类讲座以免费为宜。茶馆里经常举办一些茶文化讲座，有利于提升专业形象，培养忠实顾客。

（3）茶艺体验课程　茶馆里的茶艺活动包括茶会茶宴与茶艺表演两类。在古代，茶宴与茶会是文人雅士的活动，人们在这样的聚会里谈诗论文，交流茶艺。尤其是在唐宋时，茶会、茶宴很是风行，直到元代，还可以在画里看到当时茶会的盛况。茶艺表演是随现代茶文化的研究而流行的，在很多场合都可以进行。

（4）茶会茶宴的组织　茶会茶宴以简为要，规模可大可小，形式上有松散型和主题型两种，松散型茶会是无主题的，或主题非常微弱，如无我茶会；主题型即是因事而设。主题一般有节令型主题与事件型主题两类。所谓节令型主题是指在一年的特殊节令时举行的，如古人在农历三月三这天就经常兴行茶会；事件型主题是因事而设的，唐代的文人士大夫经常会找个事由在家中、寺庙或野外，邀集好友同僚品茶闲话。

2. 茶事活动方案

（1）确定形式与主题　茶会一般都有个主题，即聚会的话题，确定了话题才能确定宾客。茶会的主持人可以兼茶艺师的角色，但为了沟通的方便，茶艺师与主持人通常是分开的。

（2）邀请宾客　根据茶会的主题来邀请宾客，以地方文化为主题的茶会邀请的宾客一般都是地方上文史方面的专家；以茶文化为主题的茶会邀请的宾客除了文史专家外，还应包括部分茶业的经营者；以茶艺推广为主题的茶会邀请的宾客应以茶业专家和教育部门专家为主。

（3）人员分工　人员分工包括茶会主持人、联络接待人员、现场服务人员、茶艺师及其助手、公关人员等。其中公关人员负责宾客邀请，联系茶会的赞助，联系媒体，负责茶会用品的供应。

（4）确定程序　程序包括茶会的时间、流程，茶艺的步骤。如果茶会上有人致辞，要排定致辞者的顺序，对主持人的解说也要精心安排，既不影响客人品茶又要让客人了解到茶会的目的、话题。程序可以详细到客人从何处入场，从何处退场。

（5）室内茶艺表演　室内茶艺表演有两种情况，一是在茶馆内，这样茶艺的情境都是现成的，茶艺师很容易进入状态；一是在客人指定的地方，如某处的会议室，此时首先要进行茶艺环境的营造，安排屏风、张挂图画、设置插花。一些细节也要注意，如在屏风的后面要放一个大些的水盂和垃圾筒，用来接放茶艺活动中的废水与茶渣。茶艺开始前，要有人在门口负责引导宾客。

（6）广场茶艺表演　广场是一个开放的场所，在这里表演茶艺会遇到一些问题，如宾客的注意力容易分散，茶艺氛围营造较困难。

（7）场地布置　首先是选一个背景较为简单的地方，若是没有的话，可以拉一个布幕做背景。如果来宾较多，表演的茶艺师人数也可以增加，但若是这样的话，需要事先对茶艺师进行训练，使其表演时动作尽可能一致，以增加茶艺的观赏性。在茶艺活动正式开始之前，根据需要决定是否安排相关的舞蹈。

（8）现场服务　由于来宾较多，需要对茶艺师与服务人员进行系统的安排。这种情况下，所有的茶艺师都需要一个副手，将泡好的茶分送给每一位来宾。此外，还要有一两个助手，给所有的茶艺师准备开水、茶点、茶叶，以及处理废水、茶渣等。待宾客入座后，主持人简短致辞，宣布茶艺活动开始，助手在后面将茶点准备好，副手协助主泡的茶艺师布置好茶案，然后将茶点端送给来宾，开始茶艺程序，主持人对茶艺的程式进行简要的解说，并提醒客人用茶点，茶泡好后，副手将茶端送给每一位来宾。最后，根据宾客的情绪高低，主持人可以安排一些互动环节，如请一些客人上台来体验一下如何泡茶等。

3.2.4　茶事展销活动类型与选择

茶事展销主要指在一些大型会展场所的推销活动。

1. 茶事展销活动的类型

1）按会展项目的性质分为贸易型会展项目和消费型会展项目。贸易型展览会是原料供应商与茶叶生产商、茶叶生产商与茶叶批发商之间的展览。而消费型展览会是茶叶生产商、茶叶批发商或茶叶零售商直接面对消费者的展览。

2）按会展项目内容分为综合类会展项目和专业类会展项目。综合类会展项目指包括全行业或数个行业的展览会，也称作横向性展览会，如重工业展、轻工业展。专业类会展项目指某一行业甚至某一项产品的展览会，如茶业展。

3）按会展规模分为国际、国家、地区、地方展，以及单个公司的独家展。规模是指展出者和参观者所代表的区域规模而不是展览场地规模。不同规模的展览有不同的特色和优势，应根据企业自身条件和需要来选择。

4）按会展时间分为定期和不定期两种。定期的有一年四次、一年两次、一年一次、两年一次等。不定期展会则是视需要和条件举办，分长期和短期。长期展可以是三个月、半年，甚至常设，短期展一般不超过一个月。

5）按会展场地分为室内场馆展和室外场馆展。室内场馆多用于展示常规展品，比如茶业展、电子展。室外场馆多用于展示超大超重展品，比如航空展、机械设备展。在几个地方轮流举办的称作巡回展。

不是所有的会展都值得参加，需要对会展的情况进行了解分析。第一，了解会展性质是否适合本企业商品的展示。茶业企业的产品有茶叶、茶具、茶食品、茶饮料、含茶日用品等，可选择贸易类、消费类展会中专门的茶业展位，参加各种茶博会等。第二，了解参观者的主体。不同的会展类型吸引的观众也是不同的，贸易型展会，适合茶叶生产企业、茶叶包装及设计企业、茶机具企业、茶叶批发商等上下游企业。如果观众是消费者，茶业的零售商、生产厂家、批发商都适合参加。第三，会展的性质和企业销售策略是否一致。企业要明确参加展会的目的是什么，是增加商品销售，还是推出新产品、开拓新的市场，或者是搭建新的合作平台等。第四，会展的费用预算是否合理。参加展会需要场地租金、设备租用费、场地布置费、人员工资、运输费、接待费等，对展会的收支要做到心中有数，盲目参加可能会得不偿失。

2. 茶事展销活动的具体实施

会展活动集商品展示、商品交易、经济合作、文化交流于一体，带来了巨大的人流、物流、资金流，茶业企业要在会展期间进行有效的营销活动，需要掌握多方面的信息，提前加强对会展知识的学习，才能做到有的放矢。

（1）前期推广　利用主办方的会展信息传播新闻，采用广告、发邀请函、微信、微博、电子邮件等形式邀请客户，为企业产品做前期宣传。制作商品宣传小册子、商品目录、纪念品、赠品等，在展会期间发放，提高企业的知名度。

（2）确定展品　展品以实物展示为主，辅以文字、图表、影像资料等进行现场宣讲、示范表演和体验参与。据调查，观众对展会各因素的记忆顺序为：展品39%，现场演示25%，展台设计14%，工作人员表现10%，宣传资料8%，其他4%，展品的重要性显而易见。选定的展品要有针对性，符合展出的目的、性质和内容，代表本企业的新技术、新工艺、新产品，还要有自己的独到之处，与其他同类产品相比，有明显区别。

（3）展台设计　展台设计能充分反映企业形象，根据展会的主题和目的所吸引的观众特点进行设计，突出展品，使其排列符合观众心理，保证展出效果。

（4）合理定价　消费者在展会上希望能买到货真价实、性价比高的商品。

（5）培训人员　懂得展会项目的专业知识，能给观众提供专业咨询服务，同时要善于交际，讲文明、懂礼貌，能得体地与各类观众交流，仪表端庄、大方。对参与展会的工作人员进行必要的产品专业知识训练和公共关系训练，才能保证质量和满足参观者的要求。

（6）现场展示　静态条件下难以展示商品全部特征，茶业参展商多会在现场安排茶艺表演项目，将产品的品质特征通过茶艺表演传达，主题鲜明的茶艺表演引人入胜，茶艺师的现场展示和解说，免费派发小包装样品，有奖问答，能有效地引起社会公众及新闻媒介的注意，情绪往往十分热烈，产生的传播效果极其强烈。

（7）现场访谈　现场访谈是一种高效率的沟通方式，企业与公众直接双向沟通，由工作人员现场冲泡茶品，请观众品鉴，直接就双方感兴趣的问题进行交流、探讨，既让公众了解自己，也对公众有所了解；及时收集反馈信息，根据公众意见和需求改进工作。同时开通自媒体或直播平台等，这种双向沟通针对性强、收效大，能扩大企业的影响力，甚至收获大批“粉丝”。

（8）效果评估　展会结束后应做好评估，以总结经验、吸取教训，指导今后的工作。评估应在展览期就开始，如在出口处设置观众留言簿、召开观众座谈会，听取意见、建议；留心新闻媒介对展会的报道和评价。会后还可通过电话回访、问卷调查等作民意测验，了解实际效果。无论是批评还是赞扬，都对企业今后工作具有重要指导意义。

3. 茶事展销活动的计划

1）提前 1 年取得展会主办方的活动资料，了解展会的规模、时间、地点、专业程度、目标市场等，确定当年参展计划，初步预算费用。

2）9 个月前确认是否参展，精心选择参展商品，请专业人士设计展台。

3）提前半年初步选定展台，制作宣传册、联系客户，配合展会以广告、邮件、信函、网络等进行推广活动。若参加国外展会，拟定行程办理相关手续、准备必要的产品翻译、联系国外客户。

4）提前 3 个月确定参展商品，准备充足的样品、赠品，贴上标签。确定展台设计、培训参展员工。排定展会期间的访谈、现场活动、场外接待等。

5）展会开始 7 天前要整理好所有的参展物品准备运输。

6）提前 3 天抵达展会现场，按设计要求进行展台布置，并督查展台布置进度。确定所有物品安全抵达。与展会主办方联系展会活动细节。访问当地客户。

7）两天前确定所有物品抵达展会现场。查看租用的设备及所有用品，了解其功能。布置展位。将所有活动节目作最后的决定。

8）1 天前对展位做最后的检查，确保正常使用。与参展员工及其他相关人员等进行展会前最后沟通。

展会期间按主办方要求尽早到达会场，热情接待来访客商，详细记录每位到访客户的情况及要求。将每日情况做成简报汇总至公司，以便及时处理及回应。展会期间还要配合主办方的新闻宣传。

展会结束，展位拆除。对展销活动的效果进行评估。给光临展会的客户寄出感谢卡。

复习思考题

1. 关于饮茶起源、主要名茶的传说与典故有哪些?
2. 掌握六大茶类感官审评术语的含义。
3. 简述紫砂茶器的材质、器型，以及养护方法。
4. 如何选购、养护瓷器茶具?
5. 茶艺馆的定位方法有哪些?
6. 茶艺馆如何按市场需求来调配茶叶?
7. 茶艺馆的茶具营销有什么策略?
8. 茶艺馆消费品的配备原则与方法是什么?
9. 如何设计茶事活动? 如何编写活动方案?
10. 简述茶事展销活动的类型和策划方案。

模拟试卷

茶艺师（高级）理论知识试卷

注 意 事 项

1. 本试卷依据2018年颁布的《国家职业技能标准　茶艺师》命制，考试时间90分钟。
2. 请在试卷的标封处填写姓名、准考证号和所在单位的名称。
3. 请仔细阅读答题要求，在规定的位置填写答案。

	一	二	总分
得　分			

一、单项选择题（每题1分，共计80分）

1. 茶在日本的传播过程中，逐渐加入本土文化元素，形成了不同于中国茶艺的茶道文化，对行为举止的训练和茶道精神的体悟较为重视，并发展出（　　）的茶道四规。

A. 和、敬、清、寂　　B. 和、敬、清、逸

C. 和、敬、清、雅　　D. 清、静、怡、真

2. 历史上韩国很少出产茶叶，因此在人们的日常生活中很难用到茶，即使在茶礼当中，普通人家也经常是（　　）。

A. 以水代茶　　B. 以酒代茶　　C. 以水代酒　　D. 以茶代酒

3. 印度多产红茶，有一部分人喜欢在红茶中加入姜、豆蔻、丁香、肉桂等香料，称之为（　　），也叫香料印度茶。

A. 印尼拉茶　　B. 印度拉茶　　C. 马萨拉茶　　D. 萨马拉茶

4. 土耳其人爱饮红茶，喜好煮饮，其煮茶的茶具十分特殊，一大一小的茶壶被称为（　　），大壶用于煮水，小壶才用来煮茶。

A. 印尼拉茶　　B. 孟臣壶　　C. 双壶　　D. 子母壶

5. 英国饮茶已有400多年历史，最大推动者是查理二世的夫人凯瑟琳，到（　　）末，茶已经成为上层社会家庭中的普通饮料。

A. 17世纪　　B. 16世纪　　C. 18世纪　　D. 19世纪

6. 下午茶风俗来自英国，比较知名的有（　　），食物内容可说是包罗万象，包括各式小点、松糕、水果挞及三明治等。

A. 苏格兰式　　B. 维多利亚式　　C. 英格兰式　　D. 港式

7. 俄国人饮茶多选用铜质、形似火锅的被称为“萨莫瓦尔”的（　　）来煮茶。

A. 茶瓶　　B. 茶锅　　C. 茶炊　　D. 茶壶

8. 1893年，俄商波波夫从中国聘请茶师刘峻周及一批技术工人赴格鲁吉亚试种茶树，历经3年终于试种成功，从此，格鲁吉亚生产的茶叶被誉称为（　　）。

A. 俄茶　　B. 峻周茶　　C. 格茶　　D. 刘茶

9. 埃及人酷爱煮饮红茶，家中来客时，热情的埃及人总会备上一杯加入（　　）的甜红茶。

A. 白糖　　B. 红糖　　C. 薄荷　　D. 迷迭香

10. 南美洲人很多喝非茶之茶，墨西哥人爱喝仙人掌茶和玫瑰茄茶，阿根廷人爱喝（　　）。

A. 咖啡茶　　B. 马黛茶　　C. 黄芩茶　　D. 菊花茶

11. Tea harvesting 意思是（　　）。

A. 煮茶　　B. 泡茶　　C. 采茶　　D. 制茶

12. Oolong tea 意思是（　　）。

A. 绿茶　　B. 红茶　　C. 黑茶　　D. 乌龙茶

13. Thank you very much for your coming today. 意思是（　　）。

A. 我们非常感谢你今天的到来。

B. 非常感谢你今天带我们玩。

C. 我们非常高兴你今天的到来。

D. 非常高兴你今天来吃饭。

14. 在茶艺服务接待过程中，要以（　　）的礼貌语言、礼貌行动、礼宾规程为行为准则，充分体现中国是礼仪之邦的大国。

A. 联合国　　B. 我国　　C. 对方国家　　D. 欧美国家

15. 茶叶品鉴时，如果室外光线不足，可以用室内光源，但注意灯光不可偏蓝或偏黄，普通的（　　）最好。

A. 霓虹灯　　B. 绿灯　　C. 白色荧光灯　　D. 红色荧光灯

16. 审评杯有白色柱形瓷杯与盅形带盖瓷盏两种，柱形杯的容量通常是（　　）。

A. 110毫升　　B. 120毫升　　C. 130毫升　　D. 150毫升

17. 不同茶叶的浸泡时间不一样，绿茶通常浸泡（　　），黄茶、白茶、红茶、黑茶浸泡5分钟，乌龙茶则用盅形瓷盏审评3次，依次是2分钟、3分钟、5分钟。

A. 4分钟　　B. 3分钟　　C. 2分钟　　D. 1分钟

18. 一款绿茶干茶外形“以单芽或一芽一叶初展到一芽二叶为原料，造型有特点，色泽嫩绿或翠绿或深绿或鲜绿，油润，匀整，净度好”，审评时可以给（　　）。

A. 80~89分　　B. 90~99分　　C. 70~79分　　D. 60~69分

19. 台地茶指那些运用现代茶叶种植技术，新种植的（　　）的现代茶园产出的茶叶，它们通常树龄较短，品种较新，由于密植和过多的人工增产干预，茶叶品质上较老树茶稍逊。

A. 疏植高产　　B. 模仿自然生态　　C. 密植高产　　D. 密植低产

20. 栽培型大茶树的条索肥壮，野生大茶树的条索更加肥壮，这两者都带有地域香，而野生大茶树的香气更偏向（　　）。

A. 焦香　　B. 蜜香　　C. 果香　　D. 花香

21. 瓷器茶碗早期模仿漆耳杯的形制，至（　　）已经发展成为成熟的专用茶具。

A. 唐朝　　B. 宋朝　　C. 明朝　　D. 汉朝

22. 唐代陆羽在《茶经四之器》中认为越州窑的青瓷碗是最好的茶碗，因为（　　）。

A. 青瓷高档　　B. 青则益茶　　C. 越州窑技术好　　D. 青瓷与茶五行相合

23.（　　）在宋元时期因点茶的流行而受到人们的推崇，因为这样的颜色可以衬托出茶汤的白色泡沫。

A. 白釉瓷碗　　B. 青釉瓷碗　　C. 黑釉瓷碗　　D. 紫砂茶碗

24. 汤瓶水注的造型是由先秦时期的盉演变而来，盉流行于商代至战国，主要用途是（　　）。

A. 煮茶　　B. 煮汤　　C. 煮粥　　D. 盛水或酒

25. 唐代的瓷壶大多用来（　　），侈口短流，需要迅速倒水时，水是从壶口倒出的。

A. 盛冷水　　B. 盛开水　　C. 盛茶水　　D. 煮水

26. 瓷壶内外施釉，煮水泡茶时不会影响滋味，是最洁净的器具。唐代苏廙在（　　）中将瓷壶煮出来的沸水称为“得一汤”。

A.《煎茶水记》　　B.《十六汤品》　　C.《水品》　　D.《煮泉小品》

27. 对于饮茶的人数，明代茶人张源说：“饮茶以客少为贵，客众则喧，喧则雅趣乏矣。（　　），二客曰胜，三四曰趣，五六曰泛，七八曰施。”

A. 独啜曰神　　B. 独啜成仙　　C. 独啜曰寂　　D. 独啜曰雅

28. 陶炉在使用时外表很烫，人们很早就给炉子外面加上一个竹制的罩子，南宋审安老人的《茶具图赞》给这个炉子起了一个名字叫（　　）。

A. 竹茶炉　　B. 韦鸿胪　　C. 汤提点　　D. 竺副帅

29. 现代茶席的概念一般是指为（　　）而设的席。

A. 展示茶具　　B. 展示茶品　　C. 喝茶　　D. 垫茶具

30. 现代茶艺的初期，茶席是以潮汕工夫茶与（　　）为基础设计的，在此基础上，台湾茶人添加了公道杯、闻香杯和茶道工具组。

A. 北京大碗茶　B. 蒙古奶茶　C. 云南三道茶　D. 闽南工夫茶

31. 古典型茶席都是以（　）为背景进行设计的，从服装到茶器都透着古典的韵味。

A. 古代文化　B. 民俗文化　C. 乡村文化　D. 隐士文化

32. 茶席的装饰性器物包括花器、席镇和（　）。

A. 珠宝　B. 小篱笆　C. 折扇　D. 线装书

33. 一般情况下，设计一个茶席都会预定一个主题，主题定下来，才能决定茶会上的用品、布局及（　）。

A. 茶品　B. 点心　C. 环境布置　D. 服装

34. 一个完整的茶席包括茶器平台与茶席环境两部分，其中茶器平台由泡茶器、助泡茶器和（　）3 部分构成。

A. 桌凳　B. 茶壶　C. 茶杯　D. 装饰物

35. 茶台有高中低三个层次，低的茶席就直接布在地上，称为（　）。

A. 地席　B. 塌席　C. 低席　D. 平席

36.（　）的内容非常丰富，与不同地区人们的日常生活方式有关，它包括了民俗茶席的一部分，不以表演、静修为目的，人情味浓郁。

A. 禅修茶席　B. 生活茶席　C. 表演茶席　D. 仿古茶席

37. 做地席的时候，为防止敷物卷起，四个角需要用重物压一下，这个重物叫（　）。

A. 角镇　B. 角压　C. 席镇　D. 镇压

38. 潮汕工夫茶被称为中国茶道的（　）。

A. 始祖　B. 标本　C. 四宝　D. 活化石

39. 赵佶《文会图》中的茶席分两大部分，一是位于（　）茶饮制作的场景，二是位于画中间的一张饮茶的大方桌。

A. 画的下方　B. 画的上方　C. 画的左侧　D. 画的右侧

40. 赵佶的《文会图》中煮茶的炉子是（　）。

A. 风炉　B. 镣炉　C. 竹炉　D. 鼎

41. 许次纾《茶疏》对饮茶场所的设计进行了详细的解说，将茶席分三部分：一张几放茶注和茶盂；一张几放其他茶器；靠墙壁处放（　）。

A. 四个茶炉　B. 三个茶炉　C. 两个茶炉　D. 一个茶炉

42. 潮汕工夫茶要求各泡的茶汤浓度（　）。

A. 随心　B. 由浓到淡　C. 由淡到浓　D. 一致

43. 台湾茶人称斟茶为（　）。

A. 投汤　B. 干壶　C. 淋壶　D. 摇壶

44. 陆羽在《茶经六之饮》中说饮茶人数最佳应为 5~7 人，最好（　）。

A. 六人　B. 五人　C. 四人　D. 一人

45. 我国在唐宋时期就对饮茶人的品行有要求，把饮茶人分为以茶养德、知己往来和饮以群分 3 个类型，其中饮以群分体现为一些专业人员聚集的茶坊，俨然已有欧洲 16 世纪时才出现的（　　）格局。

A. 下午茶会　　B. 女子乐团　　C. 俱乐部　　D. 联谊会

46. 古代的茶人对（　　）进行了各个方面的分析，从时间、风景到气候，自然界的一切都成了茶艺的组成部分。

A. 室外环境　　B. 室内环境　　C. 人文环境　　D. 自然环境

47. 许次纾《茶疏》中提到的茶艺不宜靠近的两个地方就是阴室和（　　）。

A. 厨房　　B. 卧室　　C. 书房　　D. 禅房

48. 少数民族饮茶不同于汉族，设计者要遵循少数民族的（　　），并体现和突出少数民族茶席的特色和要点。

A. 饮食习惯　　B. 习俗文化　　C. 语言习惯　　D. 社交习惯

49. 藏族主要分布在我国西藏地区，在云南、四川、青海、甘肃等地也有居住，常年以奶肉、糌粑为主食，主要饮用（　　）。

A. 牛奶红茶　　B. 八宝茶　　C. 酥油茶　　D. 擂茶

50. 蒙古族人喜欢喝（　　）。

A. 工夫茶　　B. 甜奶茶　　C. 酸奶茶　　D. 热奶茶

51. 擂茶又名三生汤，是用生叶、生姜和（　　）三种生原料经混和研碎加水烹煮而成的汤。

A. 生米仁　　B. 生菜　　C. 花生　　D. 生盐

52. 茶席上的装饰器物是用来点明茶席主题类型的，折扇、线装书等可以用在（　　）茶席上。

A. 禅修　　B. 文士　　C. 民俗　　D. 商务

53. 茶挂适合大部分茶席，在室内，茶挂通常要挂在茶席的后方或（　　）。

A. 前方　　B. 门口　　C. 侧面　　D. 地上

54. 长条桌的茶席布局以左右对称平衡最为常见，一般适合（　　）的茶席，茶艺师一个人可以照顾到每位客人，每位客人的品茗杯都由茶艺师亲自奉出。

A. 七八人　　B. 九十人　　C. 一两人　　D. 五六人

55. 当茶席上的客人比较多，茶艺师无法照顾到每位客人时，在行茶时通常采用（　　）的方式。

A. 传杯　　B. 分壶　　C. 下位斟茶　　D. 茶水自助

56. 茶艺服饰是指茶事活动中专门使用的服饰，包括茶艺表演的专门服饰、参加茶事活动的专用服装和（　　）时的服装。

A. 茶叶营销　　B. 居家饮茶　　C. 采茶　　D. 制茶

57. 雅集主题是茶席中比较常见的，这类茶席通常也被称为（　　）。

A. 道士茶席　　B. 居士茶席　　C. 文士茶席　　D. 闲士茶席

58. 以法门寺地宫出土茶具来布置的茶席属于（　　）。

A. 禅茶席　　B. 乡土茶席　　C. 文士茶席　　D. 宫廷仿古类茶席

59. 茶字本身拆开相加为一百零八，象征着长寿，一百零八岁被称为（　　），因此以茶贺寿是非常吉利的事。

A. 茶寿　　B. 米寿　　C. 仙寿　　D. 耄耋

60. 清明节的茶席主题可以有两个类型，一是踏青，二是（　　）。

A. 采花　　B. 仿友　　C. 游仙　　D. 祭祀

61. 茶席挂画流行于（　　）。

A. 宋代　　B. 唐代　　C. 明代　　D. 清代

62. “三茶一饭”是（　　）的饮食习俗。

A. 藏族　　B. 蒙古族　　C. 汉族　　D. 苗族

63. 汉代司马相如在《凡将篇》中称茶为（　　），与20种药物并列，是我国历史上将茶作为药物的最早记载。

A. 槚　　B. 葭萌　　C. 荈诧　　D. 皋芦

64. 最早提到宁神除烦功效的是西晋的（　　），他在写给南兖州刺史刘演的信中说：“吾体中愦闷，常仰真茶。”

A. 谢安　　B. 司马相如　　C. 常璩　　D. 刘琨

65. 魏晋南北朝时人们相信经常饮茶可以使人长寿，陶弘景在（　　）中直接就说：“苦茶，轻身换骨，昔丹丘子、黄山君服之。”

A.《名医别录》　　B.《神农本草经》　　C.《神农食经》　　D.《茶经》

66. 清代袁枚初饮（　　）时，觉得很稀奇，在《试茶》诗中写道：“道人作色夸茶好，瓷壶袖出弹丸小。一杯啜尽一杯添，笑杀饮人如饮鸟。”

A. 金华茶　　B. 武夷茶　　C. 龙井茶　　D. 普洱茶

67. 中国名茶由三个部分组成，一是传统名茶，二是恢复历史名茶，三是（　　）。

A. 评奖茶　　B. 网红茶　　C. 新创名茶　　D. 商业名茶

68. 干茶审评茶叶的形状、嫩度、色泽、整碎和净度，如果是（　　），还要加评“金花”是否茂盛、均匀，以及颗粒大小。

A. 普洱熟茶　　B. 六堡茶　　C. 藏茶　　D. 茯砖茶

69. 审评粉茶时，取（　　）茶样，置于240毫升的评茶碗中，用150毫升审评杯注入150毫升沸水，定时3分钟并用茶筅搅拌，依次审评其汤色、香气与滋味。

A. 0.6克　　B. 1.6克　　C. 2.6克　　D. 3克

70. 柱形杯嗅香气时，应一手持杯，另一手半揭开杯盖，靠近鼻孔轻嗅杯中香气持续2~3秒，随即合上杯盖，可反复（　　）次。

A. 2~3　　B. 1~2　　C. 4~5　　D. 5~6

71. 不属于涉外礼仪基本要求的是（　　）。

A. 有礼有节　　B. 尊重隐私　　C. 话题禁忌　　D. 讲究排场

72. 审评杯有白色柱形瓷杯与（　　）两种。

A. 盅形带盖瓷盏　B. 盖碗　C. 玻璃杯　D. 品茗杯

73. 不属于野生大茶树主要特征的是（　　）。

A. 乔木或小乔木型，树姿较直立　B. 嫩枝无毛或少毛

C. 叶片较小　D. 叶面平或微隆起，叶缘有稀钝齿

74. 茶席有三层含义，下列表述错误的是（　　）。

A. 是茶会的另一种说法

B. 铺在桌上或地上，用来安放茶具的布草

C. 饮茶时陈列茶具、茶点的平台，其含义与“酒席”相同

D. 以茶、茶器等要素构成，用于泡茶饮茶并表达人的思想与情感，传递茶道之美的一种空间艺术

75. 音乐是茶艺中不可缺少的元素，下列比较适合茶艺情境的乐器是（　　）。

A. 古琴　B. 唢呐　C. 架子鼓　D. 锣

76. 唐代陆羽在《茶经四之器》中说（　　）类玉类冰。

A. 越窑　B. 定窑　C. 均窑　D. 吉州窑

77. 各个地区饮食习惯不同，所配茶食也不一样，新疆地区饮茶所配的茶食有（　　）等。

A. 馕、奶皮子　B. 桂花糖

C. 糌粑、乳扇　D. 定胜糕、三丁包

78. （　　）不属于茶席布局的原则。

A. 美观原则　B. 隐私原则　C. 平衡原则　D. 安全原则

79. 茶叶审评中，评审外形，一般取有代表性的茶样（　　）放入样盘中。

A. 50~100 克　B. 100~150 克　C. 150~200 克　D. 200~250 克

80. 紫砂茶器中，圆器的造型规则要求是“圆、稳、匀、（　　）。

A. 正　B. 平　C. 对称　D. 线条分明

二、判断题（每题 1 分，共计 20 分）

81. 孔子画像、尊师主题绘画，隆师亲友、圣人无常师，这些内容的茶挂，可以放在尊师类主题茶席上。（　　）

82. 1959 年中国“十大名茶”评比会上，将蒙顶甘露评为中国十大名茶。（　　）

83. 香气审评中，热嗅（杯温约 75℃）用来辨别香气高低。（　　）

84. 名优绿茶干茶色泽多呈黄绿色。（　　）

85. 高山茶比平地茶香气好。（　　）

86. 茶叶呈味物质比较多，其中有刺激性涩味的物质是茶多酚。（　　）

87. 紫砂陶土通常按陶土的硬度和可塑性等特征来区分，习惯上分为甲泥、乙泥、白泥三大类。（　　）

88. 紫砂器型有多种分类方法，按制式分有明式、清式、民国式、现代式。（　　）

89. 哥窑等开片瓷器如果经常加热容易开裂破损。(　　)

90. 市场调查的内容是行业的资讯和消费者的消费趋向，可以采用资料分析和实地调查相结合的方法，具体有资料分析法、实地调查法、分析调查结果等方法。(　　)

91. 涉外接待中，当宾客提出一些失礼、无理的要求时，茶艺人员要顺从客人的意思。(　　)

92. 黑茶审评时冲泡两次，滋味以第一泡为主评判，香气、汤色以第二泡为主评判。(　　)

93. 新茶与陈茶是依据严格的贮藏时间来区分的。(　　)

94. 公道杯用来均匀茶汤，也称为匀杯，在所有茶艺形式中都是必须用到的。(　　)

95. 席主位置的正后方不要挂画，以免挡住宾客赏画的视线。(　　)

96. 煎茶席在宋代相比较来说要清雅一些，饮茶场面比点茶安静。(　　)

97. 朱权在《茶谱》中所说的茶席，场景与宋人煎茶类似。(　　)

98. 屠隆《考槃余事》和高濂《遵生八笺》中详细记载了明代茶席上的茶具，传入日本后，成为日本煎茶道茶席的主要内容。(　　)

99. 在饮茶时如果要赏花，以气味芬芳馥郁的花为宜。(　　)

100. 茶艺自古代开始，很多时候就是礼法教育的手段，人们给老师奉茶、给长辈奉茶，都是属于教育类主题茶艺的范畴。(　　)

答案部分

一、单项选择题答案

1~5	A B C D A	6~10	B C D A B
11~15	C D A B C	16~20	D A B C D
21~25	A B C D A	26~30	B A B C D
31~35	A B C D A	36~40	B C D A B
41~45	C D A B C	46~50	D A B C D
51~55	A B C D A	56~60	B C D A D
61~65	A B C D A	66~70	B C D A B
71~75	D A C A A	76~80	A A B C A

二、判断题答案

81~85	√ × × × √	86~90	√ × × √ √
91~95	× × × × √	96~100	√ √ √ × √

参考文献

［1］陈宗懋. 中国茶经［M］. 上海：上海文化出版社，1992.
［2］陈宗懋. 中国茶叶大辞典［M］. 北京：中国轻工业出版社，2012.
［3］陈彬藩. 中国茶文化经典［M］. 北京：光明日报出版社，1999.
［4］蔡荣章. 茶道入门：泡茶篇［M］. 北京：中华书局，2007.
［5］周智修. 彩图版习茶精要详解：上、下册［M］. 北京：中国农业出版社，2018.
［6］丁以寿. 中华茶艺［M］. 合肥：安徽教育出版社，2008.
［7］扬之水. 新编终朝采蓝：上、下册［M］. 北京：生活·读书·新知三联书店，2017.
［8］余悦，叶静. 中国茶俗学［M］. 西安：世界图书出版公司，2014.
［9］杨亚军. 评茶员培训教材［M］. 北京：金盾出版社，2019.
［10］潘玉华. 茶叶加工与审评技术［M］. 厦门：厦门大学出版社，2011.
［11］中国硅酸盐学会. 中国陶瓷史［M］. 北京：文物出版社，1982.
［12］胡小军. 茶具［M］. 杭州：浙江大学出版社，2003.
［13］周高起，董其昌，司开国. 阳羡茗壶系·骨董十三说［M］. 北京：中华书局，2012.
［14］吴觉农. 茶经述评［M］. 北京：中国农业出版社，2005.
［15］周爱东. 茶艺赏析［M］. 北京：中国纺织出版社，2019.
［16］池宗宪. 茶席：曼茶罗［M］北京：生活·读书·新知三联书店，2010.
［17］陈燚芳. 一方茶席［M］杭州：西泠印社出版社，2018.
［18］李斗. 扬州画舫录［M］. 王军，评注. 北京：中华书局，2007.
［19］王迎新. 人文茶席［M］济南：山东画报出版社，2017.
［20］梁苹. 民族服装牵手现代生活［N］. 中国妇女报. 2000-07-31（8）.
［21］关剑平. 茶与中国文化［M］. 北京：人民出版社，2001.
［22］黄柏梓. 中国凤凰茶［M］. 香港：华夏文艺出版社，2016.
［23］高雪华. 从审美意向到艺术符号的构建：论中国民族服饰情与意的整合传达［J］. 内蒙古民族大学学报，2009，15（3）：150-151.
［24］施海根. 中国名茶图谱：绿茶红茶黄茶白茶卷［M］. 上海：上海文化出版社，2007.
［25］施海根. 中国名茶图谱：乌龙茶黑茶及压制茶花茶特种茶卷［M］. 上海：上海文化出版社，2007.
［26］施兆鹏，刘仲华. 湖南十大名茶［M］. 北京：中国农业出版社，2007.
［27］施兆鹏. 茶叶审评与检验［M］. 4 版. 北京：中国农业出版社，2010.
［28］周爱东. 茶馆经营管理实务［M］. 北京：中国商业出版社，2007.

相关图书推荐

《王森经典面包教科书》
ISBN 978-7-111-66265-5

《王森经典蛋糕教科书》
ISBN 978-7-111-66047-7

《王森经典烘焙教科书》
ISBN 978-7-111-65929-7

《糯米纸蛋糕装饰工艺》
ISBN 978-7-111-62877-4

《糖王周毅翻糖蛋糕之古风集》
ISBN 978-7-111-67562-4

《糖王周毅翻糖蛋糕之神话集》
ISBN 978-7-111-67581-5

《糖王周毅翻糖蛋糕之卡通集》
ISBN 978-7-111-67934-9

《自然系韩式裱花教科书》
ISBN 978-7-111-67909-7

《专业面包制作教科书
发酵篇》
ISBN 978-7-111-65880-1

《尤兰达的蛋糕教科书》
ISBN 978-7-111-65238-0

《周毅基础食雕：
从零开始学果雕》
ISBN 978-7-111-63371-6

《周毅基础食雕：
创意果蔬雕刻入门》
ISBN 978-7-111-65312-7

《烧烤宝典》
ISBN 978-7-111-61625-2

《沙拉厨房》
ISBN 978-7-111-65495-7

《肉菜真好吃》
ISBN 978-7-111-63275-7

《快手厨房》
ISBN 978-7-111-63185-9

《风靡日本的厨房整理术》
ISBN 978-7-111-66546-5